固化期间缓黏结预应力混凝土结构力学性能及完全固化预测

• 隋伟宁　王占飞　马燚　赵中华　著

U0305740

化学工业出版社

·北京·

本书以缓黏结预应力混凝土结构为研究对象，讨论和分析了从缓黏结剂制备完成、缓黏结预应力筋张拉到缓黏结预应力混凝土结构竣工1~2年的过程中，缓黏结剂的形态变化、黏结性能变化、结构力学性能变化、缓黏结剂完全固化需要的时间以及固化过程中缓黏结剂硬度及黏结强度的预测，为该项技术在我国的广泛应用提供合理的设计依据及施工质量控制指标，为控制该类工程质量检测缓黏结剂固化程度提供有效的检测方法和手段。

本书既可供从事建筑工程、桥梁工程设计、施工及管理的工程技术人员使用，也可供相关专业大学生、研究生、科研机构工作者使用和参考。

图书在版编目（CIP）数据

固化期间缓黏结预应力混凝土结构力学性能及完全固
化预测/隋伟宁等著. —北京：化学工业出版社，2019.9（2023.1重印）
ISBN 978-7-122-34792-3

Ⅰ.①固⋯ Ⅱ.①隋⋯ Ⅲ.①预应力混凝土结构-结
构力学-力学性能-研究 Ⅳ.①TU378

中国版本图书馆CIP数据核字（2019）第135978号

责任编辑：彭明兰　　　　　　　　装帧设计：韩　飞
责任校对：王　静

出版发行：化学工业出版社（北京市东城区青年湖南街13号　邮政编码100011）
印　　装：大厂聚鑫印刷有限责任公司
880mm×1230mm　1/32　印张6　字数183千字
2023年1月北京第1版第2次印刷

购书咨询：010-64518888　　售后服务：010-64518899
网　　址：http://www.cip.com.cn
凡购买本书，如有缺损质量问题，本社销售中心负责调换。

定　　价：73.00元　　　　　　　　　　版权所有　违者必究

前　言

在 20 世纪 80 年代中后期，从方便施工和传力机制合理的角度出发，在无黏结预应力混凝土结构的基础上，研发了一种新型预应力混凝土技术，即缓黏结预应力混凝土技术。该技术结合了无黏结和有黏结预应力混凝土技术的优点，在施工期间，钢绞线与被施加预应力的混凝土之间可以保持相对滑动，进而可以错开工地各种施工作业，进行钢绞线的张拉。张拉完成后，缓黏结材料经过 1～2 年完全固化后，缓黏结预应力筋与混凝土之间形成较强的黏结性能，达到与有黏结预应力体系相同的传力效果，抗震性能优良，适合应用于强震地区的永久结构。2009 年，缓黏结预应力混凝土技术作为住房和城乡建设部推广的十项新技术之一，在我国的工程建设中得到了示范应用，具有良好的应用发展前景。但是，从预应力筋张拉完成到完全固化的这段时间，缓黏结剂的形态变化、影响因素，以及固化过程中缓黏结预应力混凝土结构力学性能发展规律等尚未明确，严重影响了该技术施工质量控制及工程验收。

本书首先从缓黏结剂的性态（液体或者固体）对缓黏结预应力筋张拉产生的摩擦系数以及缓黏结预应力混凝土梁力学性能的影响入手，探明缓黏结预应力筋张拉时机对建立有效预应力结构体系的重要性；然后通过承载力试验和有限元分析，探明缓黏结剂固化程度对缓黏结预应力筋的黏结性能以及缓黏结预应力混凝土梁力学性能的影响规律；最后通过查阅国内外资料，结合我国典型城市气温变化，建立了考虑外界气温变化的缓黏结剂完全固化所需时间、固化过程中缓黏结剂硬度及黏结强度的预测，为该项技术在我国的广泛应用提供合理的设计依据及施工质量控制指标，为控制该类工程质量检测缓黏结剂固化程度提供有效的检测方法和手段。

本书由沈阳建筑大学隋伟宁、王占飞，沈阳城市建设学院赵中华及沈阳市建筑工程质量检测中心马燚撰写，由隋伟宁、王占飞统稿完成。本书的出版得到了辽宁省自然基金（20180550780）及沈阳市建委重点研发项目（sjw2017—001）的支持，在此表示感谢。

由于作者水平有限，加之本书脱稿时间仓促，缺点和不足之处在所难免，敬请广大读者批评指正。

目　录

第1章

绪 论

1.1 研究背景

预应力混凝土结构将高强度混凝土和高强度钢材"能动"地结合在一起,使两种材料都产生非常好的性能。钢材是延性材料,用预加应力的办法使其能在高拉力下工作,混凝土在抗拉能力上是脆性材料,施加预压力后有所改善,同时其抗压能力并未真正受到损害[1]。预应力混凝土结构经过 100 多年的研究与发展,目前,在世界各国的建筑、土木、水利、核电站等工程建设中得到了广泛的应用。根据施工工艺及传力机理的不同,预应力混凝土结构分为有黏结预应力混凝土结构和无黏结预应力混凝土结构。有黏结预应力混凝土结构,张拉预应力筋后,通过在管道内灌浆,使得预应力筋与混凝土之间形成较强的黏结力,预应力筋和混凝土各材料的力学性能得到充分发挥,抗震性能优良;但缺点是施工工序较多,工艺复杂,应用时需要大吨位的张拉设备,施工质量较难控制。无黏结预应力混凝土结构,其施工工艺比较简单、方便,不需要大型的张拉设备;但与有黏结预应力混凝土结构相比,对锚具可靠性依赖强、安全性较低、抗震性能较差,这大大限制了无黏结预应力混凝土结构在强震区的应用[2]。

在 20 世纪 80 年代中后期,从施工方便和传力机制合理的角度出发,在无黏结预应力混凝土结构的基础上,研究出了一种新型预应力混凝土技术,即缓黏结预应力混凝土技术[3,4]。该技术的预应力钢筋基本构造如图 1.1 所示。在预应力钢绞线外侧、高密度聚乙烯护套内部涂装一定厚度的缓黏结材料，外包裹的护套材料表面压有波纹，与有黏结预应力钢筋的波纹管接近。缓黏结材料的固化过程及工作原理如图 1.2 所示。在张拉适用期内缓黏结材料具有一定的流动性，然后随时间完全固化，固化后缓黏结材料与预应力钢绞线、外包护套之间产生较强的黏结力。该技术结合了无黏结和有黏

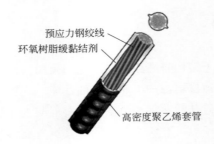

图 1.1　缓黏结预应力钢筋基本构造

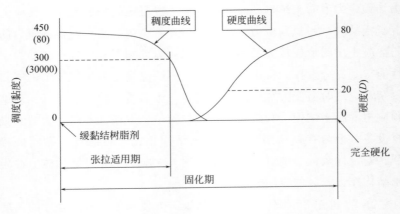

图 1.2　缓黏结材料的固化过程及工作原理

结预应力混凝土技术的优点[5]。在施工期间，钢绞线与被施加预应力的混凝土之间可以保持相对滑动，进而可以错开工地各种施工作业进行钢绞线的张拉。张拉完成后，经过一段时间，缓黏结材料固化，缓黏结预应力筋与混凝土之间形成较强的黏结性能，达到与有黏结预应力体系相同的传力效果。其抗震性能优良，适合应用于强震地区的永久结构[6,7]。2009 年，该技术作为住房和城乡建设部推广的十项新技术之一，在我国的建筑、桥梁以及道路工程中得到了示范应用，具有良好的发展前景。

在我国，缓黏结预应力混凝土结构已经在北京力鸿生态家园、北京市新青少年宫、沈阳文化艺术中心、鄂尔多斯机场候机楼、沈阳南站、山西阳高污水处理工程、承德城市展览馆等工程中得到了应用，积累了丰富的工程经验。2017 年，建筑行业颁布执行了新的设计技术规程[6]。但是，在缓黏结预应力混凝土技术的基础理论方面研究相对较少，尤其是缓黏结剂在张拉适用期到完全固化的过程中，缓黏结材料的固化程度随时间的变化规律、预应力损失与张拉时机、缓黏结剂的硬化程度对结构力学性能的影响等尚未明确，这必然影响到缓黏结预应力混凝土技术在我国的发展与应用。

1.2 国外研究现状及工程应用

缓黏结预应力混凝土技术作为新型预应力体系，经过近 30 年来的研发和工程应用，解决了传统预应力混凝土技术无法克服的缺点，是一种初期具备无黏结预应力的工艺特征，后期具备有黏结预应力性质的新型预应力技术。该技术的重点是包裹在预应力钢绞线周围的缓黏结剂，它在张拉初期具有很好的流动性，之后，缓黏结剂会随着时间的推移逐步固化变硬，具有一定的黏结强度，使缓黏结预应力筋与混凝土之间形成良好的传力机制，抵抗外荷载作用。

在国外，关于缓黏结预应力技术的研究主要集中在日本。1985～1989 年间，日本先后采用超缓黏结砂浆及环氧树脂作为缓黏结剂，进行了缓黏结剂固化性能、黏结性能、缓黏结预应力钢筋的摩擦系数及缓黏结预应力混凝土梁力学性能等基础性试验研究[3,4]。

之后在日本建筑和桥梁结构等一系列的工程实践中，积累了丰富的工程经验。如 1988 年，日本阪神房地产署町大厦中试验性地采用了缓黏结预应力混凝土技术。1992 年，神钢工业株式会社的员工宿舍楼，为了增强结构的抗震性能，首次采用了缓黏结预应力混凝土结构作为主梁。随后，在木门天河桥工程的桥面板横向上布置了缓黏结预应力筋，这是在桥梁工程中首次应用此项技术。1995年北海道札幌市内公路桥的桥面板横向布置了缓黏结预应力筋。1997 年在日本道路公团修订的桥梁设计标准中增加了缓黏结预应力混凝土的相关内容。1999 年在广濑河引桥的主梁受力钢筋中首次采用了缓黏结预应力筋，2000 年在第二条东名高速公路高架桥首次在体外预应力中采用了缓黏结预应力技术[8]。

在以上成果的基础上，2002 年，日本修订了公路混凝土桥梁设计规范，其中对缓黏结预应力混凝土摩擦系数等参数的选取及施工质量控制等进行了规定[9]。之后，日本不断改进环氧树脂类缓黏结剂以及大直径预应力筋的研发，先后开发了温度敏感型缓黏结剂、湿度敏感型缓黏结剂，并开发了 29.0mm 直径的缓黏结预应力筋。在温度敏感型缓黏结剂方面又开发了常温型缓黏结剂、中高温型缓黏结剂、高温型缓黏结剂和超高温型缓黏结剂等适用不同气候条件的缓黏结预应力筋[10-16]。2010 年，编制了缓黏结预应力结构设计施工技术指南，汇总了日本最新的研究成果及工程示范经验[17]，为该项技术在日本的广泛应用奠定了基础。

1.3　国内研究现状及工程应用

我国于 1995 年开始研究缓黏结预应力技术。当时缓黏结材料以缓凝砂浆为主，采用手工涂抹和缠绕的方法现场制作，没有开展大批量的生产和工程应用[18,19]。之后以兰州交通大学、大连理工大学、东南大学科研团队为主进行了以缓凝砂浆为介质的缓黏结预应力体系的试验研究，完成了缓凝砂浆的材料性能、缓黏结预应力钢筋的张拉摩阻性能、缓黏结预应力混凝土受弯构件、缓黏结预应力混凝土梁裂缝和疲劳性能等一系列研究，并通过与传统的后张法预应力构件的对比，得出了混凝土预应力构件在张拉两个月后其力学性能与有黏结预应力构件力学性能相似的结论[20-30]。但当时由于超缓黏结砂浆的缓凝固化时间较难控制，并且张拉适用期较短，限制了该技术的应用和推广。

1999 年始，中国京冶工程技术有限公司等科研单位以环氧树脂为缓黏结材料开展了对缓黏结预应力综合技术的系统研究，包括缓黏结剂材料的配方研制、材料的稳定性、材料的力学性能、材料的制备工艺、缓黏结预应力钢筋的生产设备、缓黏结预应力混凝土的结构试验等。具体测试了缓黏结剂固化后的抗折、抗压强度以及固化过程中的强度变化规律，对缓黏结剂自身的防腐性能和对预应力钢筋的保护功能进行了盐雾试验。建立了缓黏结预应力钢筋的生产工艺，同时进行了缓黏结预应力混凝土构件摩擦阻力试验、缓黏结预应力混凝土梁抗弯试验，为环氧树脂缓黏结预应力混凝土技术的发展奠定了一定的理论基础[31-34]。

2011 年中南林业科技大学周先雁、冯新等对缓黏结部分预应力混凝土 T 梁裂缝宽度进行了试验研究。研究中，对 3 根缓黏结部分预应力混凝土 T 梁进行了试验研究和理论分析，得到了试验梁在荷载作用下的裂缝发展和分布规律，以及荷载与最大裂缝宽度之间的关系。在试验研究的基础上，结合裂缝宽度的影响因素、试验梁的特性及相关规范，建立了缓黏结预应力混凝土梁最大裂缝宽度的计算公式[35]。

2013 年曹国辉等学者通过缓黏结预应力混凝土梁的极限承载力试验，分别对其开裂荷载、破坏荷载、控制截面应力、裂缝与变形进行了测试。结果表明，缓黏结预应力混凝土梁具有较好的受力性能，缓黏结预应力混凝土梁与普通预应力混凝土梁的挠度、应变数据变化规律基本一致，缓黏结预应力混凝土梁与普通预应力混凝土梁的体内应变变化规律吻合较好[36]。

2015～2018 年沈阳建筑大学团队以环氧树脂为缓黏结材料对预应力筋张拉时的摩擦系数、黏结性能和缓黏结预应力混凝土梁随着缓黏结剂固化程度的不同进行了试验研究。结果表明：随着温度的升高，缓黏结剂达到完全固化的时间缩短；在同一温度下，缓黏结剂固化时间越长，黏力越强；在缓黏结剂固化程度相同的条件下，随着张拉力的增加，缓黏结剂的黏结作用失效，钢筋应力的摩擦损失逐渐变小；预应力钢筋达到控制应力时，随着缓黏结剂硬度的增加，黏结作用增强，摩擦损失增大等其他结论[37-42]。

目前，缓黏结预应力技术在我国的许多工程中得到了示范应用，为缓黏结预应力混凝土结构体系的科研工作及技术的发展起到了巨大的促进作用。具体应用实例如下。

山西省阳高污水沉淀池工程在 2005 年的建设过程中使用了该技术，该项工程中缓黏结预应力钢筋是通过涂抹缓凝环氧树脂制成[43]。

2005 年，在北京力鸿生态家园中考虑到缓黏结预应力技术具有良好的抗震等方面的性能，经过多方面的研究论证，在标准层楼板采用了该技术[44]。

2007 年，在北京市新青少年宫的建设中，因考虑了抗震加强带的设计理念，应用了缓黏结预应力技术[45]。

之后，在华北地区通过使用缓黏结预应力混凝土技术完成了多个工程项目，包括机场候机楼、体育场、体育馆、展览中心、礼堂、图书馆等。采用该技术的目的是满足大跨度梁承载力及抗裂要求，提高了框架结构的抗震性能[46]。

2015 年，缓黏结预应力混凝土技术在沈阳文化艺术中心（盛京大剧院）主体结构中，首次作为结构体系（大悬挑的梁，立柱以及屋顶的大跨度梁形成空间结构体系）被大范围应用[47]。

2015 年，在哈大客运专线沈阳新南站的建设中，在作为旅客出进站地下通道框架结构体系中，缓黏结预应力混凝土技术也得到了大量应用。

2016 年，在贵州安顺经济技术开发区土地一级开发站前广场项目中，缓黏结预应力技术应用在主体结构 17.9m 跨度的框架梁及空心楼盖中，预应力部分混凝土等级要求为 C40。对采用大直径的缓黏结预应力空心楼盖板相关步骤进行阐释，为其他相关施工奠定了良好基础[48]。

2018 年，在天津滨海新区于家堡金融中心项目中，竖向缓黏结预应力柱在该工程地下部分承受永久横向荷载的钢筋混凝土结构墙中得到了应用，确保了工程质量符合国家规范要求，并达到预期目标[49]。

2018 年，在北京大兴新机场的建设中，为了解决超长混凝土结构开裂问题，该工程中对结构长度较大部位的梁、板内配置了无黏结预应力筋，用以减少温度应力对结构的不利影响，对部分楼层梁及托柱转换梁采用缓黏结预应力技术[50]。

1.4　国内外相关技术规程

国内外众多试验理论的研究及工程示范为缓黏结预应力技术标准的制定提供了依据。日本的建筑及桥梁界分别在 2001 年、2002 年制定了相应的设计和施工质量标准。在设计方面，关于缓黏结预应力筋的应力损失及计算也都给出了相应的规范条文。如在 2018 年日本道路协会编制的《道路桥梁示方书及说明Ⅲ混凝土篇》中规定：在计算缓黏结预应力筋的应力损失时，筋孔道每米长度局部偏差摩擦系数 κ、筋孔道壁摩擦系数 μ 分别取 0.004 和 0.3[51]。在施工质量方面，日本《道路桥梁示方书及说明Ⅲ混凝土篇》中还有以下规定。

（1）对缓黏结预应力筋等的质量要求

① 钢绞线的品质必须符合 JISG 3536 及其以上的力学特性及

质量要求。

② 一般情况下缓黏结剂使用环氧树脂材料，使用前必须确认树脂的品质、性能及安全性。在张拉预应力筋时缓黏结剂要保持未固结状态，根据使用环境和施工条件选择适当的环氧树脂缓黏结剂，并且缓黏结剂需具有防止钢绞线腐蚀、使构件的混凝土与预应力钢绞线黏结成一体的性能。

③ 套管应具有一定的强度和耐久性，保证与混凝土黏结成一体。确认套管材料的品质、性能指标及安全性。一般情况下把高密度聚乙烯脂套管做成凸凹螺纹的形状。

④ 缓黏结预应力筋必须满足耐腐蚀、耐碱等耐久性要求。

（2）施工要求

① 运输缓黏结预应力筋时，要保证缓黏结预应力筋套管不破损，缓黏结剂不流出。

② 原则上不允许使用超过张拉适用期的缓黏结预应力筋。

③ 保管缓黏结预应力筋时，要保证套管不破损，缓黏结剂不流出、不固化。

④ 缓黏结预应力筋的缓黏结剂固化受温度影响较大，在运输、保管直至张拉缓黏结预应力筋过程中要注意保温。

⑤ 在混凝土内穿缓黏结预应力筋及浇筑、振捣混凝土时，要保证缓黏结预应力筋套管不破损，缓黏结剂不流出。

⑥ 切除套管及除去防止缓黏结剂流出的活塞必须在张拉预应力筋当天进行，张拉作业时要注意安全。

⑦ 为了不影响缓黏结预应力筋缓黏结剂固化，在混凝土达到强度后，应快速张拉缓黏结预应力筋。

（3）相应的处理方法

① 为了防止套管及管内缓黏结剂流出，出厂时，在预应力筋末端设置保护套管，在运输过程中应注意不要丢失保护套管。

② 为了不影响缓黏结剂固化，在现场宜把预应力筋放置在阴凉、通风及温度变化小的地方，为了防止套管破损，应用木方垫

高，不应直接接触地面或桥面，雨天用雨布覆盖防雨。

③ 为了防止套管破损，在保管缓黏结预应力筋附近，不得进行电焊、气焊等焊接及切割作业。不得已时，在保护好预应力筋的前提下进行电焊、气焊等焊接及切割作业。

④ 缓黏结预应力筋根据固化剂掺量不同有多种型号。从预应力筋运输、进场到浇筑混凝土，其规定的保管温度如下：普通环氧树脂型缓黏结预应力筋，温度低于 25℃；温和环氧树脂型缓黏结预应力筋，温度低于 40℃。当气候和现场条件不能满足要求时，为了不影响张拉作业，需进行适当的保温处理。在大体积混凝土中使用缓黏结预应力筋时，混凝土水化反应使得混凝土内部温度上升，缓黏结剂固化加速，因此建议在进行预应力张拉前进行缓黏结剂固化试验，确定固化时间。

⑤ 穿缓黏结预应力筋时，在变曲率点或间隔 1m 长度左右设置固定钢筋，并用细铁丝固定预应力筋。固定钢筋用圆钢、细铁丝（用塑料包裹）。

⑥ 在切断缓黏结预应力筋时，由于缓黏结剂属于可燃物质，一般采用机械切割机切割，不准采用电焊切断。为了保护锚固及防止缓黏结剂流出，在切断部位及锚固部分采用砂浆快速封锚。

⑦ 对于锚固端，套管切断后，包裹预应力筋的缓黏结剂起到了防腐蚀的作用，可不清除缓黏结剂。但是对于张拉端，缓黏结剂影响张拉作业，应清除。千斤顶内缸附着缓黏结剂，会引起内缸与预应力筋之间的相对滑移。在张拉作业前，应检查千斤顶内缸是否附着固化的缓黏结剂。如有应清除，或更换内缸。

关于国内对缓黏结预应力技术的详细规定，读者可以参阅我国的相关规范，如《缓粘结预应力混凝土结构技术规程》（JGJ 387—2017）以及《缓粘结预应力钢绞线专用粘合剂》（JG/T 370—2012）。这些行业标准也对缓黏结剂使用的材料、张拉期间的流动性能、固化后的力学性能等进行了规定，并对施工期间缓黏结预应力筋的制备、运输、保存、张拉时的要求以及工程施工质量控制等做了相关规定。

1.5　本书研究的主要内容

缓黏结预应力作为一种新兴的预应力体系，克服了有黏结预应力混凝土结构施工复杂、对构件截面削弱大、施工质量难以保证等缺点；同时也克服了无黏结预应力混凝土构件受力破坏时混凝土裂缝数量少而宽、钢筋易锈蚀、结构强度利用率低等缺点。在我国，该技术虽然在基础理论上有了一定的研究成果，掌握了缓黏结预应力筋张拉时机，明确了缓黏结剂固化后混凝土结构的基本力学性能。但是，对于从预应力筋张拉完成到完全固化的这段时间，缓黏结剂的形态变化、影响因素，以及固化过程中缓黏结预应力混凝土结构力学性能的发展规律等问题还有待于进一步研究。

因此，本研究首先制作了 10 根缓黏结预应力混凝土梁，每根梁上直线布置 3 根缓黏结预应力钢筋，在缓黏结剂张拉适用期及固化过程中分 6 批次张拉预应力筋，测得预应力损失、摩擦系数等指标，考察缓黏结剂的邵氏硬度对其影响变化规律。之后，对在张拉适用期内完成张拉的 4 根缓黏结预应力混凝土梁在缓黏结剂不同固化度情况下进行了承载力试验及有限元模拟分析，讨论缓黏结剂固化度对缓黏结预应力混凝土梁力学能力的影响，以及在不同时期张拉缓黏结预应力筋，在同一固化期进行 8 根梁的承载力试验，讨论张拉时期不同，对缓黏结预应力混凝土梁力学性能的影响。然后为了探明缓黏结剂固化影响因素以及固化程度对缓黏结剂黏结性能的影响，制作了 30 个缓黏结预应力筋试验试件进行预应力筋拔出试验及有限元分析。最后在确定了标准张拉适用期及固化期的前提下，查阅国内外相关资料，建立了考虑外界气温变化的缓黏结剂完全固化所需时间的经验公式，并结合我国 5 座城市，用近 30 年月平均气温变化，预测了缓黏结预应力混凝土结构缓黏结剂完全固化时间以及固化过程中邵氏硬度及黏结强度变化。

　　综上研究，为该项技术在我国的广泛应用，提供合理的设计依据及施工质量控制指标，为控制该类工程质量检测缓黏结剂固化程度提供有效的检测方法和手段。

第 2 章

试验设计

2.1 试验试件概述

缓黏结预应力混凝土技术是我国近 20 年来在原有预应力混凝土体系的基础上出现的新技术。该技术吸取了无黏结预应力施工方便和有黏结预应力黏结锚固性能好的优点，利用预应力钢绞线与带有螺纹套管之间缓凝材料逐渐固化的性质，在张拉适用期内，错开施工作业高峰期，张拉时间灵活。缓黏结剂固化后，具备有黏结预应力混凝土结构的传力机制，结构的抗震性能优良。近年来，缓黏结预应力技术在我国大型工程中得到了大量的应用，发挥着举足轻重的作用。但是，缓黏结预应力筋从厂家制作、现场张拉、缓黏结剂固化，一般需要 1～2 年的时间，整个过程中，缓黏结剂从液态逐渐转变成有一定黏结强度的固态。从工程应用角度出发，缓黏结剂大致经历两个阶段，即张拉适用期阶段和固化阶段。施工中，缓黏结预应力筋的张拉时机、张拉过程中预应力筋应力摩擦损失的变化，及其固化后缓黏结预应力筋与混凝土之间的黏结性能等，对缓黏结预应力混凝土结构的工程质量都有着较大影响。因此，为进一步深入研究缓黏结预应力混凝土结构的力学性能，本书在第 2 章～第 5 章进行了张拉预应力筋摩擦系数及缓黏结预应力混凝土梁承载力两个方面的研究。

以固化时间为主要影响因素的缓黏结预应力筋区别于一般的预应力筋，张拉预应力筋时的摩擦系数会随着缓黏结剂固化程度的变化而不断变化。对此本书同一批次设计多组试件，在不同固化期测定其摩擦系数，了解其发展变化规律。同时为了进一步研究缓黏结剂固化程度对预应力混凝土梁力学性能的影响，进行了同一时期张拉锚固后在不同固化期对试件进行承载力试验和有限元分析，以及在不同时期张拉，同一固化期缓黏结预应力混凝土梁承载力对比试验。

2.2　试验目的与要求

为了获得缓黏结预应力筋的摩阻系数，以便进一步确定结构的预应力损失，研究在不同固化期缓黏结预应力混凝土结构的摩阻力变化规律、受力机理、主要影响因素，分析张拉锚固后缓黏结预应力混凝土结构预应力的损失范围，进行张拉摩擦系数测试试验。

为了进一步研究固化时间对缓黏结预应力混凝土结构力学性能的影响，检测缓黏结预应力筋与混凝土之间的黏结性能是否可靠，比较不同固化期缓黏结预应力混凝土结构的开裂荷载、极限荷载及挠度，分析加载过程中缓黏结预应力筋应力的变化规律。

2.3　张拉试验方案

2.3.1　试验概况

制作一组试件，做同条件养护，考虑到实际施工过程中，缓黏结预应力筋往往是一次供货，分层或分段铺设，张拉时间需依次推迟，因此，考虑不同固化时间（从无黏结到有黏结最后完全固化）对缓黏结预应力筋摩阻系数的影响，共制作了 10 根混凝土强度为 C50 的缓黏结预应力混凝土梁，梁的编号为 1～10 号，将缓黏结预应力筋按固化期不同分为 6 批。1～5 号预应力混凝土梁为一批，剩余 5 根梁分为五批，试件梁截面为 300mm×400mm×3300mm。

梁中主筋采用 Φ12 的 HRB400 级钢筋，箍筋采用 φ8 的 HPB300 级钢筋，纯弯段箍筋间距为 250mm，弯剪段间距为 80mm。每根梁内直线布置 3 根强度 f_{ptk} 为 1860MPa 的 $\phi^s15.2$ 的缓黏结预应力筋。预应力筋两端锚固形式为：张拉端和锚固端均采用 YM15-1J 型夹片式锚具。试验时梁端部放置钢垫板（尺寸为 300mm × 400mm，钢绞线位置开孔，孔径 25mm，板厚 20mm）。每根梁的三根缓黏结预应力筋为一批进行张拉，记录每根缓黏结预应力筋试验数值，把数值代入由预应力体系摩擦损失理论给出的公式，推导出不同张拉期缓黏结预应力钢筋的摩擦系数 k，求出每根试件梁的 3 根缓凝结预应力筋摩擦系数 k 的平均值，然后建立 k 与张拉端力的关系曲线。缓黏结预应力混凝土梁设计如图 2.1 所示，梁中配筋相关数据见表 2.1。

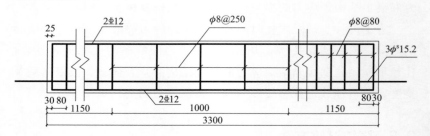

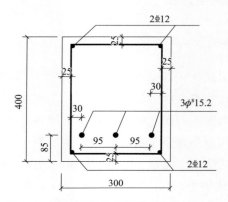

图 2.1　缓黏结预应力混凝土梁设计

表 2.1　配筋相关数据

名称	跨长/m	数量/根	公称直径/mm	公称面积/mm²	极限强度 f_{ptk} /(N/mm²)	弹性模量 E_s /(×10⁵N/mm²)
缓黏结预应力钢筋	5	3	15.2	140	1860	1.95

2.3.2　张拉时摩阻测试试验装置

张拉缓黏结预应力筋时在张拉端依次安装 300mm×400mm×14mm 的承压垫板、50t 的压力传感器、150mm×150mm×20mm 的承压垫板、穿心式液压千斤顶、150mm×150mm×20mm 的承压垫板、工具锚；在锚固端依次安装承压垫板、压力传感器、垫板、锚具。装置安放布置如图 2.2 所示。

(a) 试验装置

(b) 锚固端

图 2.2

(c) 张拉端

图 2.2　摩擦系数试验测试图

2.3.3　试验测试内容和步骤

张拉缓黏结预应力筋进行摩擦系数测试的内容和步骤如下。

① 试验时对传感器及千斤顶进行标定，在以后每次试验时都应标定。

② 用工具刀剥掉缓黏结预应力钢筋外包塑料套管，并把黏结的缓黏结剂清理干净。按照图 2.2（a）所示依次安放试验设备，安装完毕后调整装置，使压力传感器、穿心式千斤顶、工具锚等装置与缓黏结预应力钢筋在同一中心线上。

③ 将试验装置按序安装在试验梁的两端，采用 250kN 穿心式液压千斤顶张拉预应力钢筋，由穿心式千斤顶的数据显示仪宏观控制张拉力的大小，通过与两端传感器相连的电子静态应变仪微观控制张拉力的大小，试验试件两端装置安装完后，其图片如图 2.2（b）和图 2.2（c）所示。按每级 20kN 逐级加载，每级加载时间约为 1min，持荷 2min，同时记录张拉端和锚固端两传感器的读数，当预应力钢筋张拉端拉力达到 195.3kN，即预应力钢筋达到控制应力时，持荷 5min，记录两端传感器的读数，然后卸载。依次张

拉测试剩余两根缓黏结预应力钢筋，记录数据，然后卸载并取下千斤顶。对 10 组试件进行张拉摩阻测试时，1～5 组在同一时期进行张拉，剩下的 5 组试件梁每隔一个月依次进行张拉。

④ 每组试件梁张拉完成后，重新安装试验装置，锚固端装置依次为垫板、传感器、垫片、工具锚，而张拉端为垫板、传感器、工具锚、电动势千斤顶。张拉试验过程如图 2.3 所示。对缓黏结预应力钢筋进行锚固后，通过电动穿心式千斤顶重新张拉达到张拉控制应力，并持载 2min，锚固完成后取下电动千斤顶，通过与传感器连接的静态应变仪持续观察并记录试件两端力的变化，测得张拉完成后预应力钢筋松弛引起的应力损失。

(a) 张拉端(电动穿心式千斤顶)

(b) 锚固端

图 2.3

(c) 静态应变仪

(d) 试件梁

图 2.3　张拉试验过程

2.3.4　摩擦系数的计算方法

通过试验测试可得到张拉过程中缓黏结预应力钢筋两端力的变化数据，取每组试验梁的 3 根缓凝结预应力筋张拉力的平均值，代入由预应力体系得出的摩擦损失理论公式，给出不同张拉期缓黏结预应力钢筋的摩擦系数。直线布筋时，摩擦系数 k 的计算方法按以下公式计算：

$$k = \frac{-\ln(F_2/F_1)}{x} \tag{2.1}$$

式中　x——缓黏结预应力钢绞线的直线长度，m；

　　　F_2——锚固端力，kN；

　　　F_1——张拉端力，kN。

2.4 抗弯承载力试验方案

为了探明缓黏结剂固化程度对预应力混凝土梁力学性能的影响，制作了 9 根长 3300mm、截面为 300mm×400mm 的缓黏结预应力混凝土梁（编号为 1～4 号及 6～10 号），每根梁直线布置 3 根缓黏结预应力钢筋，在不同时期进行预应力筋张拉和梁承载力试验。研究中，首先通过邵氏硬度计测得试验试件预应力钢筋缓黏结剂的邵氏硬度，然后把预应力混凝土梁分 4 批进行三分两点同步单调静力加载试验。试验时，通过监测梁荷载-挠度关系曲线、梁截面混凝土的应变变化、预应力钢筋张拉端和锚固端的压力变化、裂缝分布等指标，明确缓黏结预应力钢筋与混凝土之间的传力机理、工作状态以及混凝土梁的承载能力。

本书采用的缓黏结剂张拉适用期为 8 个月，固化时间 2 年。在张拉适用期内对 1～4 号缓黏结预应力混凝土梁试件进行张拉，达到控制应力时锚固预应力钢筋，锚固期间通过传感器持续观察梁两端预应力的变化情况。缓黏结剂随着时间逐渐固化，为了得到不同固化程度下的预应力梁承载能力，每隔 3 个月进行 1 根预应力梁的抗弯承载力试验。通过对比不同固化程度下缓黏结预应力混凝土梁试验数据，探明缓黏结剂固化程度对缓黏结预应力混凝土梁力学性能的影响（试验结果详见本书第 4 章内容）。之后又进行了缓黏结剂在不同固化程度下的预应力筋张拉，在同一固化度下分 3 批进行了预应力混凝土梁的承载力对比试验，第一批的试验梁为 2 号、6 号和 7 号梁，第二批的试验梁为 3 号、8 号和 9 号梁，第三批的试验梁为 4 号和 10 号梁（试验结果详见本书第 5 章）。

测缓黏结预应力混凝土梁两端预应力筋有效应力的压力传感器布置如图 2.4 所示。缓黏结预应力钢筋采用工程同等型号的预应力钢筋，力学性能符合国家标准《预应力混凝土用钢筋》（GB/T 20065—2016），强度标准值为 $f_{ptk}=1860MPa$。混凝土应变监测位

置如图 2.5 所示。每根试验梁跨中截面处梁顶面均布置 2 个电阻应
变片；在试验梁跨中和三分点处腹板底面分别布置 2 个应变片，测
量受拉区混凝土的应变和监测混凝土的开裂情况；在试验梁跨中截
面侧面布置 5 个电阻应变片。缓黏结预应力混凝土梁应变片布置位
置如图 2.5 所示。

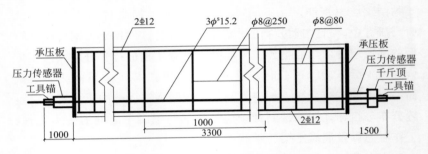

图 2.4　钢筋和张拉装置布置示意

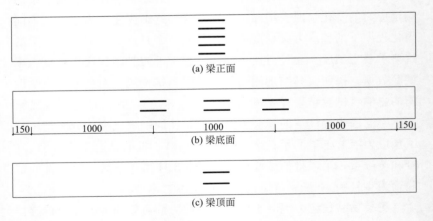

图 2.5　应变片布置位置示意

2.4.1 加载方法

试验采用三分两点同步静力单调加载方式（纯弯曲段长度为梁高的 2.5 倍），加载装置如图 2.6 所示，加载制度为在混凝土开裂前，采用单调递增的加载方式，混凝土开裂时卸载。卸载后，重新连续加载到开裂荷载的 1.1 倍，为了排除缓黏结剂的黏结阻力影响，持载 5min，继续加载到开裂荷载的 1.2 倍，持载 5min，依此类推，直至试件达到最大承载力，卸载，试验加载结束。

对缓黏结剂预应力混凝土梁试件进行加载时，为了排除缓黏结剂的黏结阻力影响试验，以 5kN/min 的速度缓慢加载，加载时注意观察裂缝出现和发展的情况。

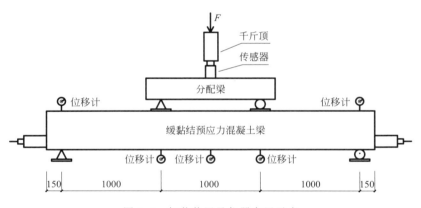

图 2.6 加载装置及仪器布置示意

2.4.2 开裂弯矩和极限弯矩的计算

假定缓黏结预应力混凝土梁下边缘的拉应力混凝土达到 C50 的轴心抗拉强度时开始开裂。开裂弯矩和极限弯矩的理论计算参考我国钢筋混凝土及预应力混凝土桥梁的设计规范，其开裂弯矩计算公式为：

$$M_{\text{cr}} = (\sigma_{\text{pc}} + \gamma f_{\text{tk}}) W_0 \qquad (2.2)$$

式中　γ——塑性发展系数，$\gamma = \left(0.7 + \dfrac{120}{h}\right) \gamma_m$，$\gamma_m = 1.55$；

$\quad\quad$ W_0——换算界面的受弯抵抗矩；

$\quad\quad$ σ_{pc}——预应力钢筋引起的混凝土法向预压正应力，$\sigma_{\text{pc}} = \dfrac{F}{A} + \dfrac{F e_{\text{p}}}{W}$；

$\quad\quad$ F——有效预应力的大小；

$\quad\quad$ A——构件截面积；

$\quad\quad$ W——截面惯性矩；

$\quad\quad$ e_{p}——预应力合力作用点的偏心距。

极限弯矩计算公式为：

$$M_{\text{u}} = \frac{3}{4} (\sigma_{\text{pc}} + f_{\text{tk}}) A_0 \qquad (2.3)$$

式中　A_0——预应力混凝土构件换算截面面积，$A_0 = A_{\text{C}} + \alpha_{\text{E}} A_{\text{S}} + \alpha_{\text{E}} A_{\text{P}}$，$A_{\text{C}} = A - A_{\text{S}} - A_{\text{P}}$；

$\quad\quad$ α_{E}——钢筋与混凝土的弹性模量之比；

$\quad\quad$ A——试件梁截面面积；

$\quad\quad$ A_{S}——纵筋总面积；

$\quad\quad$ A_{P}——试件梁缓黏结预应力钢绞线总面积。

2.4.3　试验测量内容

在梁承载力试验过程中，监测内容包括梁承载力、竖向变形、纯弯段混凝土的应变、张拉端和锚固端预应力钢筋的应力变化以及混凝土裂缝开裂状况等内容。

梁承载力采用加载千斤顶上的压力传感器读取，混凝土的应变通过粘贴电阻式应变片测得，两端预应力钢筋应力变化通过与试件两端放置的 50t 电子式压力传感器测得，混凝土裂缝的开展状况采用裂缝综合测试仪测量。承载力试验示意图如图 2.7 所示。

图 2.7　缓黏结预应力混凝土梁承载力试验示意

第 3 章

张拉摩阻试验测试结果及分析

3.1 张拉摩阻试验概述

张拉试验主要研究缓黏结预应力混凝土梁在不同固化时间（缓黏结剂的固化程度不同）摩擦系数的变化规律，以及不同张拉力时所测的摩擦系数的变化。本试验制作了 10 根缓黏结预应力混凝土试件梁，分成六批进行张拉试验，1～5 号梁为一批，其余 5 根梁在不同固化期间分成 5 批进行张拉试验。比较张拉过程中缓黏结剂固化程度（硬度）对摩擦系数的影响，分析影响预应力损失的因素，如摩擦系数、固化程度、张拉力的大小、混凝土收缩和徐变、张拉端锚口摩擦、预应力筋的应力松弛、锚具的挤压变形及千斤顶卸载时所造成的预应力的损失[52]。

3.2 试验现象

每次进行张拉试验时对缓黏结剂进行收集，多次测试缓黏结剂的邵氏硬度，取平均值并记录。缓黏结预应力筋首次张拉时缓黏结剂的邵氏硬度为 0，环境温度为 25℃。此时缓黏结剂为黑色黏稠液体，从表观看缓黏结剂与初始状态没有区别［图 3.1（a）］。将试件端部露在外面的缓黏结预应力钢筋塑料外套剥掉，用工具刀在套管端部环绕一圈形成一个切口，一人较容易将塑料套管拔出，待套管拔出后可以看到缓黏结筋表面的黏结剂分布比较均匀，并且过几分钟后可看到黏结剂滴落到地面。对缓黏结预应力筋表面的缓黏结剂进行清理后，张拉预应力筋，可以发现力快速传递到锚固端并保持稳定。

(a) 邵氏硬度为0

(b) 邵氏硬度为64.8HD

图 3.1　缓黏结剂固化程度示意

第二批缓黏结预应力筋的张拉时间为试件浇筑完成后 150d，张拉环境温度 22℃。此时缓黏结剂的邵氏硬度为 27.8HD，呈现为黑灰色具有可塑性胶状固体。试验时除去塑料套管时一人可以拔出套管，但此时很费力，除去 PE 套管后用工具清除缓黏结筋表面的缓黏结剂时会感觉有较小阻力，说明此时的缓黏结剂已经具有一定的黏滞力。进行张拉试验时力可以较快地传递到锚固端并且传感器测得的数据较短时间内可保持稳定。由此可见，随着固化时间的增长，缓黏结剂的硬度增加并且缓黏结剂与预应力钢筋之间的黏滞力有所增强，张拉预应力钢筋时受到的摩阻力相比第一批大。

第三批缓黏结预应力筋的张拉时间为预应力混凝土梁浇筑完成后 180d，张拉时环境温度 22℃。此时缓黏结剂的邵氏硬度为 45.6HD，呈黑色固体，用手指压缓黏结剂时，可摁出指印。清除端部塑料套管时需用刀具，只切开环绕端部一圈时，人力已经不能拔出套管。表明套管与预应力筋之间由于缓黏结剂固化形成较强的黏滞力，张拉时力的传递较为缓慢，每级张拉时需要持荷 2min 左右，锚固端传感器数据缓慢变化后趋于稳定。

第四批缓黏结预应力筋的张拉时间为预应力混凝土梁浇筑完成后 210d，环境温度为 10℃。此时缓黏结剂成黑色固体，邵氏硬度达到 64.8HD，缓黏结剂的固化状态与 180d 的固化情况相似，如图 3.1（b）所示。本次张拉中锚固端传感器数值在张拉端施加力的情况下变化比较缓慢，试验梁中间 1 根缓黏结预应力筋（编号为 8 号试验梁中）在张拉端施加力达到 60kN 时，锚固端传感器数值仅为 2.8kN，当张拉端预应力筋达 195.3kN，即达到控制力时，锚固端传感器数值为 85.8kN。8 号试件梁左端缓黏结预应力钢筋在张拉时，张拉端施加力达到 80kN 时，锚固端传感器显示仅为 0.4kN，随着张拉力的增加，锚固端传感器数值缓慢变化，当张拉端达到 $0.75f_{ptk}$ 即 195.3kN 时，锚固端数值为 68.2kN。8 号试件梁右端缓黏结预应力钢筋张拉时，当张拉力达到 20kN 时，持载较长时间锚固端传感器数值为 0.4kN，张拉端达到 195.3kN 时，持载 5min 锚固端传感器数值为 160.1kN。

(a) 缓黏结剂的硬度为74.8HD

(b) 缓黏结剂的硬度为80.5HD

图 3.2

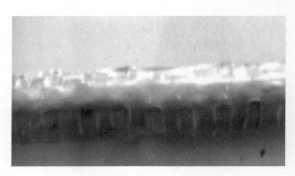

(c) 缓黏结剂的硬度为74.8HD

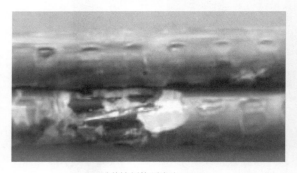

(d) 缓黏结剂的硬度为80.5HD

图 3.2　缓黏结剂固化程度示意

第五批缓黏结预应力筋的张拉时间为试验梁浇筑完成后 240d，环境温度为 10℃。缓黏结剂呈灰白色固体，邵氏硬度为 74.8HD，缓黏结剂状态如图 3.2（a）、（c）所示。在缓黏结剂固化程度较高的情况下，张拉端施加预应力达到 100kN 左右时，锚固端传感器显示数值为 1kN 左右，达到控制应力时，锚固端的压力传感器的数值也很小。

第六批缓黏结预应力筋的张拉时间为混凝土浇筑完成后 270d，张拉时的环境温度为 10℃。此时缓黏结剂为灰白色极硬的固体，邵氏硬度达到 80.5HD，缓黏结剂状态如图 3.2（b）、（d）所示。进行张拉试验时张拉端施加的力在试件梁中几乎不能传递，张拉端施加力达到 160kN 左右时，锚固端传感器数值才缓慢出现变化并且数值较小。缓黏结预应力筋张拉试验时缓黏结剂的固化情况见表 3.1。

表 3.1　缓黏结预应力筋张拉时缓黏结剂的固化情况

预应力筋张拉批次	缓黏结预应力混凝土试件梁编号	张拉时缓黏结剂的固化时间/d	张拉时缓黏结剂的邵氏硬度 D_0/HD
一	1～5	120	0
二	6	150	27.8
三	7	180	45.6
四	8	210	60.8
五	9	240	74.8
六	10	270	80.5

3.3　张拉过程的摩擦系数变化

通过对每个试件梁的 3 根缓黏结预应力筋张拉试验测试，记录每根缓黏结预应力筋试验数值，把数值代入由预应力体系摩擦损失理论给出的公式，推出不同张拉期缓黏结预应力钢筋的摩擦系数，求出每根试件梁的 3 根缓凝结预应力筋摩擦系数的平均值 k，然后作出 k 与张拉端力的关系曲线。

对第一批试件梁（1～5 号试件梁）进行张拉试验时缓黏结剂邵氏硬度为 0，固化时间为 120d。张拉时缓黏结剂具有一定的黏滞力，需要一定的初始拉力才可将预应力钢筋拉动，但缓黏结剂所产生的黏滞力很小，拉力可以快速通过预应力筋传递到锚固端。达到控制应力时，持载 5min，待试件梁两端测得的预应力筋压力值稳定后，取得 k 值作为缓黏结预应力筋控制应力时的摩擦系数。图 3.3～图 3.7 表示的是第一批 1～5 号梁张拉预应力筋摩擦系数-张拉力曲线。

由图 3.3 可知，张拉适用期内对 1 号梁缓黏结预应力钢筋进行张拉，张拉过程中摩擦系数 k 值变化缓慢，总体上看 k 值随张拉端拉力的增加缓慢减小，并逐渐趋于稳定。k 值最小值为 0.0084，最大值为 0.0129，通过摩擦系数公式可知张拉过程中预应力筋两端力差值不大，表明此时缓黏结剂的黏滞性较小，力通过预应力钢筋可以很快传递到锚固端，并迅速达到稳定状态。随着张拉端张拉力的增加，两端力的差值逐渐变小，在图中表现为 k 值呈下降趋势。

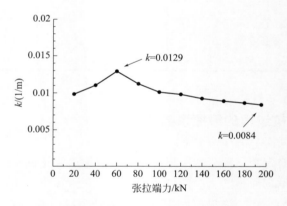

图 3.3　1 号梁缓黏结预应力筋张拉时
摩擦系数 k 与张拉端力的关系曲线

由图 3.4 可以看出，当张拉力达到控制应力的 75% 时，持载 5min，此时摩擦系数 k 值为 0.0087。张拉过程中 k 值在 0.01 上下浮动，但浮动幅值不大。

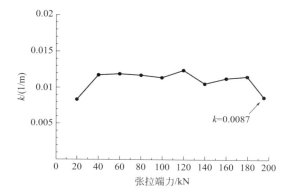

图 3.4　2 号梁缓黏结预应力筋张拉时
摩擦系数 k 与张拉端力的关系曲线

从图 3.5 中可以看出，3 号试件梁的预应力筋在张拉试验过程中摩擦系数 k 值表现为缓慢下降的趋势，张拉端施加力达到 195.3kN 即控制力，持载 5min，测得锚固端压力传感器数值经过

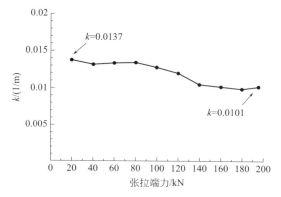

图 3.5　3 号梁缓黏结预应力筋张拉时
摩擦系数 k 与张拉端力的关系曲线

计算得 k 值为 0.0101，此时两端力基本稳定。张拉初期 k 为 0.0137，大于张拉后期的摩擦系数值。这主要原因是缓黏结剂、预应力筋及混凝土之间存在初始黏滞惯性，并且张拉初期阶段性持载时间较短，致使试件梁两端力没有达到稳定状态，使梁两端预应力筋差值较大。

在图 3.6 中 k 值有起伏但整体上逐渐趋于下降。张拉过程中 k 最小值为 0.0098，张拉端达到 195.3kN 即控制力并持载 5min，试件梁两端压力传感器数值趋于稳定，此时 k 值为 0.011。

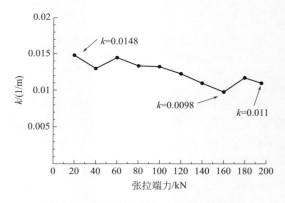

图 3.6　4 号梁缓黏结预应力筋张拉时
摩擦系数 k 与张拉端力的关系曲线

由 5 号梁缓黏结预应力筋张拉时摩擦系数 k 与张拉端力的关系曲线可以看出，张拉初期 k 值有起伏，后呈现下降的趋势。张拉力为 60kN 时摩擦系数 k 最小值为 0.0098。当张拉达到控制力 193.5kN 并持载 5min 后，试件梁两端传感器数值趋于稳定，此时 k 值为 0.0105（图 3.7）。

图 3.8 中给出了在同一固化阶段（邵氏硬度 $D_0 = 0$）1～5 号梁缓黏结预应力筋张拉时摩擦系数 k 与张拉端力关系曲线对比结果。从图中可以看出，摩擦系数在张拉初期较大，随着张拉力的增

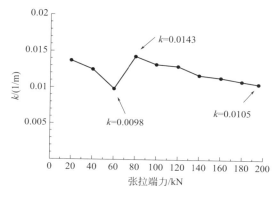

图 3.7　5 号梁缓黏结预应力筋张拉时
摩擦系数 k 与张拉端力的关系曲线

加，摩擦系数 k 值整体呈现缓慢下降的趋势，$70\%\sigma_{con}$ 时摩擦系数
趋于缓和，$90\%\sigma_{con}$ 时摩阻基本稳定，与预应力筋达到控制应力时
相差很小。当张拉达到 195.3kN 控制力时，5 根缓黏结预应力混
凝土梁的摩擦系数 k 值在 0.01 上下波动。

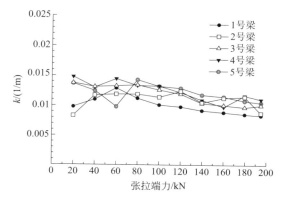

图 3.8　1～5 号梁缓黏结预应力筋张拉时
摩擦系数 k 与张拉端力关系曲线汇总

6 号梁进行张拉试验时缓黏结剂的邵氏硬度为 27.8HD，通过图 3.9 中 k 值与张拉端力的关系曲线可以看出，对于 6 号梁张拉过程中，通过测得的数值计算求得摩擦系数 k 值一直呈现逐渐减小的趋势，最小值为 0.0115，而且此时数据也比较平稳。6 号梁的 k 值相对于第一批 1~5 号试件梁稍大。由此可知试验过程中随着缓黏结剂固化度的提高，缓黏结预应力筋内部的黏滞阻力逐渐增强，预应力筋传递荷载所受的摩阻力逐渐增加，从而预应力梁两端力的差值也随之提高，使得张拉过程中摩擦系数 k 值大于第一批试验梁的结果。

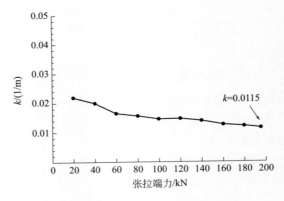

图 3.9　6 号梁缓黏结预应力筋张拉时
摩擦系数 k 与张拉端力的关系曲线

图 3.10 表示的是第三批 7 号梁缓黏结预应力筋张拉时摩擦系数 k 与张拉端力的关系曲线，此时缓黏结剂的邵氏硬度为 45.6HD。从图 3.10 中可以看出，摩擦系数 k 值随着张拉力的增加，先增大后减小，张拉力为 40kN 时，摩擦系数达到最大值 0.0493；当张拉力为控制应力 193.5kN 时，摩擦系数最小，为 0.0191。张拉初期与张拉后期相比较，k 值相差较大的主要原因是：前期由于缓黏结剂的固化使预应力筋与缓黏结剂之间的黏结力

增强，使张拉过程中张拉端力不能快速地传递到锚固端，摩擦系数增加，之后，随着张拉力的增加，预应力筋与缓黏结剂出现扰动致使张拉后期 k 值呈现下降趋势。

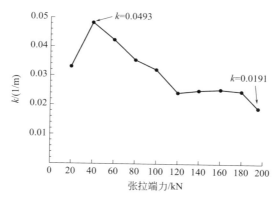

图 3.10　7 号梁缓黏结预应力筋张拉时
摩擦系数 k 与张拉端力的关系曲线

　　由图 3.11 可知，8 号梁缓黏结预应力筋张拉过程摩擦系数 k 值总体上表现为下降的趋势。8 号梁张拉时缓黏结剂的邵氏硬度为 64.8HD，此时缓黏结剂的固化程度相对较高，缓黏结剂与预应力筋已经有较好的黏结性能，混凝土与缓黏结预应力钢筋之间的黏滞力较强，导致张拉初期力的传递困难，当张拉力为 40kN 时，摩擦系数 k 值达到了 1.493，之后随着张拉力的增加，摩擦系数 k 呈线性下降，当张拉力达到控制力 193.5kN 时，k 值减小到 0.2094。

　　图 3.12 表示的是第五批 9 号梁缓黏结预应力筋张拉时摩擦系数 k 与张拉端力的关系曲线，此时缓黏结剂的邵氏硬度为 74.8HD，固化程度较高，缓黏结剂与预应力筋已经较好地黏结在一起。由于缓黏结剂邵氏硬度接近完全固化程度，当张拉力为 20kN 时，锚固端压力传感器没有数值，为此该曲线从 40kN 开始进行描述。从图 3.12 可以看出，张拉初期摩擦系数 k 随着张拉力

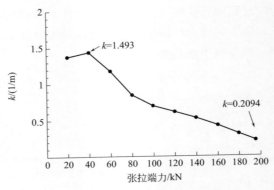

图 3.11　8 号梁缓黏结预应力筋张拉时
摩擦系数 k 与张拉端力的关系曲线

先增加后减小，张拉力达到 80kN 时，听到"咔咔"的声响，判断此时缓黏结预应力筋内部出现扰动，预应力筋与缓黏结剂之间的黏结性能遭受破坏，此时测得的摩擦系数最大，达到了 1.903。之后，预应力筋与缓黏结剂之间的摩擦系数 k 随着张拉力的增加而快速降低。但由于缓黏结剂固化程度较高，张拉受到的黏滞力较大，张拉端的应力达到控制应力时，测得的 k 值也达到了 0.2193。

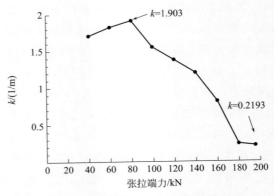

图 3.12　9 号梁缓黏结预应力筋张拉时
摩擦系数 k 与张拉端力的关系曲线

　　图 3.13 为第 10 号梁缓黏结预应力筋张拉时摩擦系数与张拉端力之间的关系曲线。从图 3.13 中可以看出，k 最小值为 0.5384，10 号梁进行张拉试验时缓黏结剂的硬度为 80.5D，已经完全固化。混凝土、预应力筋及缓黏结剂已经形成一个整体，共同受力。张拉过程中受到的阻力很大，张拉端的力基本不能传递到锚固端，从而造成两端出现较大的应力差，使 k 值较大，当张拉力达到 140kN 时，听到较大响声，预应力钢绞线和缓黏结剂的黏结性能遭到破坏后摩擦系数 k 由 1.7897 快速下降到 0.5384。

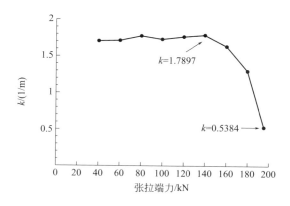

图 3.13　10 号梁缓黏结预应力筋张拉时摩擦系数 k 与张拉端力的关系曲线

3.4　缓黏结预应力筋摩擦损失

　　缓黏结预应力筋张拉过程中由于预应力钢筋内部缓黏材料的固化造成一定的预应力损失。缓黏结剂不同固化程度下，张拉预应力筋达控制力时摩阻损失及摩擦系数 k 变化如表 3.2 所列。

表 3.2　缓黏结剂固化程度下张拉预应力筋达

控制力时摩阻损失及摩擦系数 k

预应力筋张拉批次	梁号	预应力筋张拉时缓黏结剂的邵氏硬度 D_0 /HD	张拉端 F_1 /kN	锚固端 F_2 /kN	$F_1 - F_2$ /kN	预应力损失/%	k/(1/m)
第一批	1～5	0	195.3	189.82	5.48	2.81	0.0097
第二批	6	27.8	195.3	187.16	8.14	4.17	0.0115
第三批	7	45.6	195.3	182.86	12.44	6.37	0.0191
第四批	8	64.8	195.3	160.15	35.15	17.80	0.2094
第五批	9	74.8	195.3	95.37	99.93	51.17	0.2193
第六批	10	80.5	195.3	37.14	158.16	80.98	0.5384

　　从表 3.2 中可以看出,张拉预应力筋达控制力 195.3kN 时,1～5 号梁由于缓黏结剂未固化,预应力损失和摩擦系数分别为 2.81% 和 0.0097,力的损失和摩擦系数均较小,随着缓黏结剂的邵氏硬度逐步增加,预应力损失逐步增大,摩擦系数 k 值也逐渐变大。张拉第六批 10 号梁时缓黏结剂的邵氏硬度达到了 80.5HD,完全固化,预应力筋、黏结剂、PE 套管和混凝土之间有很强的黏结强度,导致黏滞阻力很大,张拉达到控制力时,预应力损失达 80.98%,摩擦系数 k 值达 0.5384。

3.5　缓黏结剂固化程度对 k 值的影响

　　整理 10 根试验梁缓黏结预应力筋张拉时测得的摩擦系数,在张拉达到控制应力时随着缓黏结剂邵氏硬度增加,k 值的变化曲线如图 3.14 所示。由图 3.14 可以看出,随着缓黏结剂硬度值的增长,k 值逐渐增加。当硬度超过 45.6HD 后,k 值迅速增长,黏结剂的黏滞阻力明显增强,缓黏结预应力筋与混凝土之间将慢慢形成良好的黏结作用，共同工作。当邵氏硬度超过 80HD 时，张拉试验时随张拉端力的增加，锚固端传感器数值基本没有变化，此时预应力钢筋与混凝土基本黏结为一体，共同参与工作。

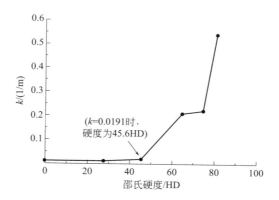

图 3.14　k 与邵氏硬度的关系曲线

3.6　预应力钢筋张拉锚固后的受力情况

缓黏结预应力筋张拉试验后，发现试件梁两端预应力筋拉力存在差值。为了测得锚固后张拉后梁两端预应力筋拉力差值的变化，将试件放置在结构实验室继续对其进行试验监测，试验装置如图 3.15 所示。

每组试件梁张拉完成后，重新安装试验装置，对缓黏结预应力筋进行锚固后，通过电动穿心式千斤顶重新张拉，使张拉端力达到 195.3kN，并持载 5min，然后取下电动千斤顶，通过与传感器连接的静态应变仪持续观察并记录试件两端力的变化（图 3.15）。待重新对试件进行连续张拉完成后，卸下千斤顶时张拉端传感器测得的压力值瞬间损失 20～50kN 左右。同时发现，缓黏结剂固化程度较低的试件，撤去千斤顶时锚固端数值高于张拉端数值，固化程度较高的试件，撤去千斤顶时锚固端数值低于张拉端数值。

(a) 锚固后的试件梁

(b) 传感器

(c) 静态应变仪

图 3.15 张拉锚固后试验装置

　　各试件梁张拉缓黏结预应力筋锚固后，在承载力试验前一直对梁两端预应力筋压力进行测试，其测试结果如表 3.3～表 3.10 所示（1 号梁和 2 号梁在预应力张拉完后，直接进行了梁的承载力试验，为此没有给出缓黏结预应力筋张拉后两端压力差值变化的测试；3～10 号梁预应力筋张拉完成后，将分三批进行梁的承载力试验，表中分别给出各梁预应力筋张拉时缓黏结剂的邵氏硬度 D_0 及梁承载力试验时缓黏结剂的邵氏硬度 D_1）。

表 3.3　3 号梁张拉锚固后两端预应力筋应力差值变化

缓黏结剂邵氏硬度/HD	锚固时间/d	锚固端 F_2/kN	张拉端 F_1/kN	两端差值$|F_1-F_2|$/kN
$D_0=0$	1	151.62	143.43	8.19
—	4	151.39	143.21	8.18
—	7	151.03	142.86	8.17
—	11	150.59	142.43	8.16
—	27	150.15	142.29	7.86
—	39	149.85	142.00	7.85
—	54	149.71	141.86	7.85
—	81	149.56	141.71	7.84
$D_1=61$	90	149.56	141.71	7.84

　　从表 3.3 中可以看出，张拉后随着锚固时间的增长，锚固端拉力、张拉端拉力以及两者之间的差值均减小，最后趋于稳定。

表 3.4　4 号梁张拉锚固后两端预应力筋应力差值变化

缓黏结剂 邵氏硬度 /HD	锚固时间 /d	锚固端 F_2 /kN	张拉端 F_1 /kN	两端差值 $\lvert F_1 - F_2 \rvert$/kN
$D_0 = 0$	1	151.03	143.29	7.74
—	7	150.29	142.57	7.72
—	13	149.71	142.29	7.42
—	26	149.12	142.14	6.97
—	33	148.68	141.71	6.96
—	42	148.68	141.86	6.82
—	58	148.53	141.71	6.82
—	72	147.65	140.86	6.79
—	85	147.35	140.57	6.78
—	95	146.62	140.43	6.19
—	101	145.74	140.29	5.45
—	109	145.59	140.29	5.30
$D_1 = 80.5$	123	145.44	140.14	5.30

从表 3.4 中可以看出，张拉锚固完成去掉千斤顶，由于缓黏结剂固化程度较高，使得缓黏结剂与预应力筋之间形成一定的黏滞作用，张拉端及锚固端数值随着锚固时间的增长而变小最后趋于稳定。

表 3.5　5 号梁张拉锚固后两端预应力筋应力差值变化

缓黏结剂 邵氏硬度 /HD	锚固时间 /d	锚固端 F_2 /kN	张拉端 F_1 /kN	两端差值 $\lvert F_1 - F_2 \rvert$/kN
$D_0 = 0$	1	155.15	149.00	6.15

缓黏结剂 邵氏硬度 /HD	锚固时间 /d	锚固端 F_2 /kN	张拉端 F_1 /kN	两端差值 $\lvert F_1 - F_2 \rvert$/kN
—	21	153.24	147.14	6.09
—	42	153.09	147.00	6.09
—	64	152.35	146.29	6.07
—	85	151.76	145.86	5.91
—	110	151.18	145.43	5.75
$D_1 = 93$	142	151.18	145.43	5.75

从表 3.5 中可以看出，张拉锚固后，5 号梁两端预应力筋测得的拉力及拉力差随着锚固时间的增长逐渐减小，最后趋于稳定。

表 3.6　6 号梁张拉锚固后两端预应力筋应力差值变化

缓黏结剂 邵氏硬度 /HD	锚固时间 /d	锚固端 F_2 /kN	张拉端 F_1 /kN	两端差值 $\lvert F_1 - F_2 \rvert$/kN
$D_0 = 38$	1	156.87	163.79	6.92
—	7	158.81	155.15	3.65
—	12	170.90	153.18	17.71
—	19	170.45	152.73	17.72
$D_1 = 61$	28	170.45	152.58	17.87

从表 3.6 中可以看出，随着锚固时间的增长，锚固端压力传感器测得的数值先增大后缓慢减小，最后逐渐趋于稳定，张拉端数值一直表现为减小的趋势并且随着锚固时间的推移趋于稳定。张拉锚固后试件梁两端传感器测得的压力差值先逐渐减小，逐渐趋于平

衡，然后随着锚固时间的增长，两端的压力差值又逐步增大，最后趋于稳定。

表 3.7　7 号梁张拉锚固后两端预应力筋应力差值变化

缓黏结剂 邵氏硬度 /HD	锚固时间 /d	锚固端 F_2 /kN	张拉端 F_1 /kN	两端差值 $\lvert F_1 - F_2 \rvert$/kN
$D_0 = 45$	1	149.71	150.15	0.43
—	4	154.86	151.32	3.53
—	6	154.83	151.29	3.54
—	8	154.78	151.76	3.07
$D_1 = 61$	11	154.60	151.54	3.06

从表 3.7 中可以看出，张拉端与锚固端压力传感器测得的数值以及两者之间的差值在 1~6d 内呈现递增的趋势，之后随着时间的推移，两端测得的压力差值逐渐减小。

表 3.8　8 号梁张拉锚固后两端预应力筋应力差值变化

缓黏结剂 邵氏硬度 /HD	锚固时间 /d	锚固端 F_2 /kN	张拉端 F_1 /kN	两端差值 $\lvert F_1 - F_2 \rvert$/kN
$D_0 = 64.8$	1	151.57	132.94	18.63
—	2	144.57	141.32	3.25
—	6	143.29	141.03	2.26
—	11	143.00	141.76	1.24
—	13	142.43	141.32	1.11
—	23	141.86	141.03	0.83

缓黏结剂 邵氏硬度 /HD	锚固时间 /d	锚固端 F_2 /kN	张拉端 F_1 /kN	两端差值 $\mid F_1 - F_2 \mid$/kN
—	26	141.71	140.88	0.83
—	31	141.57	140.74	0.84
—	37	141.29	140.59	0.70
—	43	141.00	140.29	0.71
—	51	140.86	140.15	0.71
$D_1 = 81$	66	140.43	139.71	0.72

当在缓黏结剂固化程度较高的情况下，对试件进行张拉试验，达到控制应力的 75% 后，持荷 5min 锚固后撤下千斤顶，测试梁两端的压力差值随固化时间的增长所引起的力的变化情况如表 3.8 所示。从表 3.8 中可以看出，张拉完成后，在初始的 1d 内，由于张拉过程扰动了，在一定程度上已经固化的缓黏结剂与预应力钢筋的黏结，预应力筋短期内需要在梁中进行应力重分布，之后趋于稳定。

表 3.9　9 号梁张拉锚固后两端预应力筋应力差值变化

缓黏结剂 邵氏硬度 /HD	锚固时间 /d	锚固端 F_2 /kN	张拉端 F_1 /kN	两端差值 $\mid F_1 - F_2 \mid$/kN
$D_0 = 74.8$	1	148.43	110.74	37.69
—	2	136.00	131.91	4.09
—	4	135.43	131.76	3.66
—	9	135.14	131.62	3.53
—	15	134.86	131.47	3.39

续表

缓黏结剂 邵氏硬度 /HD	锚固时间 /d	锚固端 F_2 /kN	张拉端 F_1 /kN	两端差值 $\lvert F_1 - F_2 \rvert$/kN
—	21	134.14	131.32	2.82
$D_1 = 81$	29	134.14	131.03	3.11

表 3.9 表示的是 9 号试验梁张拉完成后，预应力筋两端的压力变化，该试验梁张拉预应力筋时缓黏结剂的邵氏硬度为 74.8HD，接近固化，缓黏结预应力筋与混凝土基本成为一个整体共同受力。在不破坏缓黏结剂与预应力筋黏结性能的情况下，张拉端力通过预应力缓黏结预应力筋很难传递到锚固端，张拉过程中在施加较大张拉力后，缓黏结剂与预应力筋的黏结性能受到破坏，缓黏结预应力筋内部出现扰动，张拉的拉力传递到锚固端。从表 3.9 中可以看出，张拉完成后，锚固初期两端力的差值较大，之后随着时间的推移，两端力的差值逐步减小并趋于稳定。

表 3.10　10 号梁张拉锚固后两端预应力筋应力差值变化

缓黏结剂 邵氏硬度 /HD	锚固时间 /d	锚固端 F_2 /kN	张拉端 F_1 /kN	两端差值 $\lvert F_1 - F_2 \rvert$/kN
$D_0 = 81$	1	152.50	121.14	31.36
—	11	148.68	141.14	7.53
—	15	145.00	131.14	13.86
—	33	144.41	130.71	13.70
—	42	144.12	130.71	13.40
—	80	143.53	130.57	12.96
$D_1 = 93$	91	143.24	130.57	12.66

当 10 号试件梁张拉预应力筋时缓黏结剂的邵氏硬度达到 80.5HD，缓黏结剂已经完全固化，从表 3.10 中可以看出，锚固初期两端力的差值达到了 31.36kN，之后随着锚固时间的增长，两端力逐渐趋于稳定，但两端的压力差值也达到了 12.66kN。

3.7　本章小结

① 在缓黏结剂固化时间相同的条件下，随着张拉力的增加，预应力筋两端差值逐渐减小，钢筋应力的摩擦损失逐渐变小。

② 缓黏结预应力筋摩擦系数 k 值与缓黏结剂的硬度有关，随着硬度的增大，摩擦阻力逐步增强，系数 k 值也相应增大。

③ 缓黏结剂固化程度不同，预应力筋达到控制应力时，缓黏结剂硬度增大，摩阻损失也增大。当缓黏结剂邵氏硬度达到 80.5HD 时，预应力钢筋的摩擦系数 k 为 0.538。

④ 缓黏结剂具有一定的硬度时，张拉预应力筋到控制力的过程中，摩擦系数表现为先增加后减小，最后趋于稳定。这主要是由于具有一定硬度的缓黏结剂对预应力钢绞线具有一定的黏滞作用，张拉初期随着张拉力的增加，摩擦系数增加；当张拉力达到某一数值时，缓黏结剂与预应力钢绞线之间的黏结作用被破坏，钢绞线可以有一定的滑移空间，之后，随着张拉力的增加，摩擦系数变小。

⑤ 张拉结束后，缓黏结预应力筋的预应力损失较大，随着缓黏结剂固化时间的增加，预应力损失逐步降低，110d 后预应力损失趋于稳定。

第 4 章

缓黏结剂固化度对预应力
混凝土梁受力性能的影响

4.1 缓黏结剂固化度不同的预应力混凝土梁试验概述

本章主要针对张拉缓黏结预应力筋在同一时期、不同固化程度下预应力混凝土梁的力学性能进行试验和有限元分析。在试验中，首先通过邵氏硬度计测得试验试件预应力筋中缓黏结剂的固化程度及固化状态，然后将本书第 2 章制作的 1～5 号缓黏结预应力混凝土梁分 4 批采用三分两点同步静力单调加载方式进行承载能力试验。试验时，通过监测梁荷载-挠度关系曲线、梁截面混凝土的应变变化、预应力钢筋张拉端和锚固端的应力变化、裂缝分布等指标，探明缓黏结预应力钢筋与混凝土之间的传力机理、工作状态以及混凝土梁的力学性能，然后利用高精度有限元分析软件 ABAQUS 对 4 根试验梁进行弹塑性有限元建模，并且在有限元分析中采用了考虑损伤因子的混凝土塑性损伤本构模型，考察了梁的承载力、变形能力、混凝土、缓黏结剂以及预应力筋的应力分布，进一步探明了缓黏结预应力混凝土梁在缓黏结剂固化过程中的受力机理。

4.2 抗弯试验时缓黏结剂固化性质

在进行缓黏结预应力混凝土试件梁承载力试验时，通过测试试验梁中缓黏结剂的硬度反映缓黏结剂的固化性能。缓黏结预应力混凝土结构随着固化时间的增长，缓黏结剂逐步固化，从张拉适用期到固化期的整个过程中，缓黏结剂的状态一直发生变化，从黏稠液体到可塑性的固体最后到完全固化变成坚硬的固体状态，整个过程中缓黏结预应力筋与混凝土之间的黏结强度持续增长，完全固化后缓黏结预应力筋与混凝土形成良好的共同受力状态。在四批缓黏结预应力混凝土梁承载力试验时缓黏结剂固化情况，通过 LX-A 邵氏硬度仪测试与试件梁同等环境条件下的用烧杯收集的缓黏结剂的硬度，观察并记录缓黏结剂表观特征如表 4.1 和图 4.1 所示。

表 4.1　抗弯试验时缓黏结剂的固化情况

试件梁编号	固化时间/d	邵氏硬度 D_1/HD	缓黏结剂表观特征
1	135	0	黑灰色黏稠液体
2	205	61	灰色固体，较硬
3	270	81	灰色固体，极硬
4	345	93	灰色固体，极硬

注：在本书第 2 章 2.3.1 节中描述的第一批张拉缓黏结预应力筋时，共进行了 5 根预应力混凝土试件梁的张拉。此时，缓黏结剂基本上处于张拉适用期内。在进行第一批承载力试验时由于有一根梁在试验过程中没有取到试验数据，在本章中仅对 4 根缓黏结预应力混凝土梁的试验结果进行说明。

在进行缓黏结预应力混凝土梁承载力试验时，1 号梁缓黏结剂的邵氏硬度为 0，表观特征如图 4.1（a）所示，为黑灰色黏稠状可以流动的液体；2 号梁缓黏结剂的邵氏硬度为 61HD，表观特征如图 4.1（b）所示，为较硬的灰色固体；3 号梁缓黏结剂的邵氏硬度为 81HD，表观特征如图 4.1（c）所示，为坚硬的灰色固体；4 号梁缓黏结剂的邵氏硬度达到 93HD，表观特征如图 4.1（d）所示，为极硬的灰色固体。

(a) 邵氏硬度为0

(b) 邵氏硬度为61HD

(c) 邵氏硬度为81HD

(d) 邵氏硬度为93HD

图 4.1　各邵氏硬度下缓黏结剂的表观特征

4.3　抗弯承载力试验试件的有限元模型

为了更好地研究缓黏结剂固化程度不同对预应力混凝土梁力学性能的影响，本书采用高精度有限元分析软件 ABAQUS 对四根试验梁进行弹塑性有限元建模，进行弹塑性力学性能分析。

分析中，为了更好地把握混凝土材料在外荷载作用下应力、变形和破坏状态的发展规律，本书采用了考虑损伤因子的混凝土塑性损伤本构模型（CDP）进行分析。具体的建模情况如下。

4.3.1 网格划分

预应力混凝土梁有限元模型如图 4.2 所示。其中，混凝土和缓黏结材料采用 C3D8R 实体单元，钢筋骨架和预应力筋采用 T3D2 桁架单元。1 号梁和 4 号梁模型共划分了 3814 个单元，其中混凝土梁划分了 2640 个单元，普通钢筋骨架划分了 1096 个单元，预应力筋划分了 60 个单元；2 号梁和 3 号梁模型共划分了 4006 个单元，其中混凝土梁划分了 2640 个单元，普通钢筋骨架划分了 1096 个单元，预应力筋划分了 60 个单元，缓黏结材料划分了 1890 个单元。

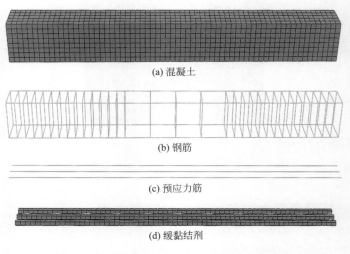

(a) 混凝土

(b) 钢筋

(c) 预应力筋

(d) 缓黏结剂

图 4.2 缓黏结预应力混凝土有限元模型

4.3.2　接触设置和边界条件

关于模型边界条件设置，由于缓黏结剂固化度为 0 的 1 号梁和缓黏结剂固化度为 93HD 的 4 号梁分别接近于无黏结和有黏结预应力的受力状态，所以其接触设置分别按照无黏结和有黏结预应力混凝土梁的形式进行接触设置，缓黏结剂固化度为 61HD 的 2 号梁和缓黏结剂固化度为 81HD 的 3 号梁在混凝土与预应力筋之间设置缓黏结材料进行模拟。其具体接触设置及边界条件如下。

目前有两种方法可以来描述无黏结预应力筋与混凝土的接触关系。

① 设置刚性弹簧。通过较小的间隔设置刚性弹簧在预应力筋单元节点与其上的混凝土实体单元节点间来实现其接触关系。

② 采用 Coupling 的方法。此方法为沿梁长方向释放无黏结预应力混凝土梁中预应力筋节点的平动自由度，在梁高和梁宽方向约束预应力筋与相同位置的混凝土单元节点来实现。由于该方法具有精度高、计算时间短等特点，本书采用 Coupling 的方法模拟邵氏硬度为零的缓黏结预应力混凝土 1 号梁[53-55]。

对于缓黏结剂没有达到完全硬化的缓黏结预应力混凝土梁，在建立有限元模型时，缓黏结材料采用实体单位 C3D8R 进行模拟，并参考日本 2010 年编写的缓黏结预应力混凝土结构设计施工技术指南，通过改变缓黏结材料不同固化度时的弹性模量等参数定义缓黏结剂的材料特性。在本研究中缓黏结剂固化度为 61HD 时弹性模量设取为 4.46GPa，缓黏结剂固化度为 81HD 时弹性模量设取为 4.71GPa，均假定为各向同性材料。达到有黏结预应力混凝土梁性能的 4 号梁，由于梁中任意截面处预应力筋与周围混凝土的变形协调，因此采用 Embedded Region 方法来定义预应力筋与混凝土之间的接触关系。4 根缓黏结预应力混凝土梁有限元模型接触示意如图 4.3 所示。边界条件则是采用两端铰接的方式来定义。

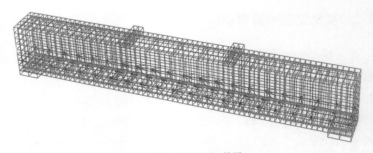

(a) 缓黏结剂硬度为0的梁

(b) 缓黏结剂硬度为61HD和81HD的梁

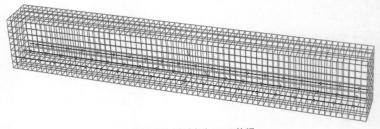

(c) 缓黏结剂硬度为93HD的梁

图 4.3　缓黏结预应力混凝土梁接触关系

　　预应力混凝土梁承载力试验时采用三分两点同步静力加载的方式进行加载。因此，为了方便对模型进行加载，在预应力混凝土梁的三分点处设置钢垫块，采用位移加载的方式施加载荷，张拉预应力筋示意如图 4.4 所示。建模中共设置 3 个分析步：第一个分析步主要是用来建立模型的边界条件和接触关系的，也就是初始分析步；第二个分析步主要用来设置梁的自重和施加预应力；第三个分析步主要用来施加外荷载。

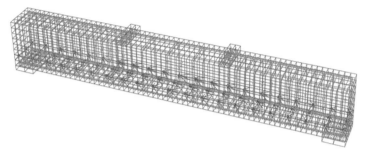

图 4.4　张拉预应力筋示意

关于在第二个分析步预应力的施加，在有限元中有两种方法施加预应力：一种是降温法，另一种是初始应力法。降温法是通过设置材料的线膨胀系数对单元进行降温以达到施加预应力的目的，初始应力法是在预应力钢筋上施加初始预应力。本研究采用降温法施加预应力，降温法基本原则为由温度变化引起预应力筋伸长量 $\Delta L = \Delta T \alpha L$ 与由外荷载引起预应力筋伸长量 $\Delta L = PL/(EA)$ 相等，进而可以求得降温值 $\Delta T = P/(EA\alpha)$，式中 α 为预应力筋的线膨胀系数，取为 $1.2 \times 10^{-5}/℃$。本书计算求得的降温温度 ΔT 为：

$$\Delta T = \frac{\sigma_{\text{pc}}}{E\alpha} = \frac{1860 \times 0.75}{1.95 \times 10^5 \times 1.2 \times 10^{-5}} = 596(℃) \quad (4.1)$$

关于在第三个分析步施加外荷载，为了有限元分析的精度及收敛，模型采用位移加载的方式施加载荷，其中，无黏结预应力混凝土梁施加 40mm 的位移，有黏结预应力混凝土梁施加 50mm 的位移，加载示意如图 4.5 所示。

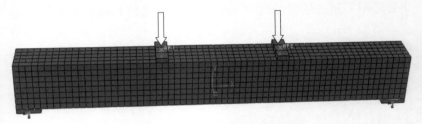

图 4.5　三分两点同步加载示意

4.3.3　混凝土损伤模型设置及损伤因子的选取

ABAQUS 中的混凝土塑性损伤模型（concrete damage plasticity）假定混凝土材料主要因为拉伸开裂和压缩破碎而破坏[56-58]。屈服或破坏面的演化由两个硬化变量 $\tilde{\varepsilon}_t^{pl}$ 和 $\tilde{\varepsilon}_c^{pl}$ 控制，$\tilde{\varepsilon}_t^{pl}$ 和 $\tilde{\varepsilon}_c^{pl}$ 分别表示拉伸和压缩等效塑性应变。混凝土材料由于损伤引起刚度退化在宏观上主要表现在拉压屈服强度不同，拉伸屈服后材料表现为软化，压缩屈服后材料先硬化后软化，混凝土塑性损伤模型中拉伸和压缩采用不同的损伤因子来描述这种刚度退化，如图 4.6（a）和图 4.6（b）所示。

从图 4.6（a）可知在达到破坏应力 σ_{t0} 前材料是线弹性的，用弹性模量 E_0（材料初始无损伤弹性刚度）来描述该阶段的力学性能，当材料达到破坏应力时，产生微裂缝，超过破坏应力后，因微裂缝群的出现使材料宏观力学性能软化，这会引起混凝土结构应变局部集中现象。从图 4.6（b）可知在达到初始屈服应力 σ_{c0} 前是线弹性，屈服后是硬化段，超过极限应力 σ_{cu} 后为应变软化。上述简化的应力应变关系抓住了混凝土的主要变形特性，可以用式（4.2）和式（4.3）来描述。

$$\sigma_t = (1 - d_t)E_0(\varepsilon_t - \tilde{\varepsilon}_t^{pl}) \tag{4.2}$$

$$\sigma_c = (1 - d_c)E_0(\varepsilon_c - \tilde{\varepsilon}_c^{pl}) \tag{4.3}$$

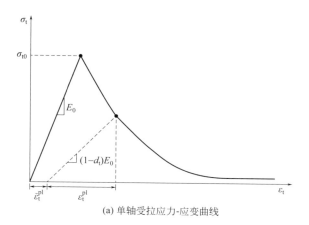

(a) 单轴受拉应力-应变曲线

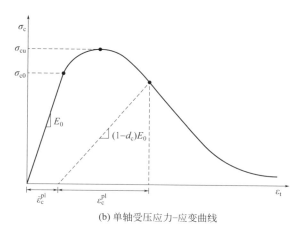

(b) 单轴受压应力-应变曲线

图 4.6　损伤模型的应力-应变曲线

　　在采用混凝土塑性损伤模型对钢筋混凝土结构进行模拟时，钢筋与混凝土的界面效应通过在混凝土模型中引入"拉伸硬化"来模拟钢筋与混凝土在开裂区的荷载传递作用。拉伸硬化的数据是根据开裂应变 $\tilde{\varepsilon}_t^{ck}$ 进行定义的，ABAQUS 中等效塑性应变 $\tilde{\varepsilon}_t^{pl}$ 和开裂应

变 $\widetilde{\varepsilon}_t^{ck}$ 的关系如下：

$$\widetilde{\varepsilon}_t^{pl} = \widetilde{\varepsilon}_t^{ck} - \frac{d_t}{(1-d_t)} \frac{\sigma_t}{E_0} \tag{4.4}$$

在定义受压硬化时，硬化数据是根据非弹性应变 $\widetilde{\varepsilon}_c^{in}$ 定义的，ABAQUS 中等效塑性应变 $\widetilde{\varepsilon}_c^{pl}$ 和非弹性应变 $\widetilde{\varepsilon}_c^{in}$ 的关系如下：

$$\widetilde{\varepsilon}_c^{pl} = \widetilde{\varepsilon}_c^{in} - \frac{d_c}{(1-d_c)} \frac{\sigma_c}{E_0} \tag{4.5}$$

另外，在混凝土塑性损伤模型中，需要确定 $d_c - \widetilde{\varepsilon}_c^{in}$ 和 $d_t - \widetilde{\varepsilon}_t^{ck}$ 关系。具体的计算过程如下：

$$\widetilde{\varepsilon}_c^{in} = \varepsilon_c - \frac{\sigma_c}{E_0} \tag{4.6}$$

假定塑性应变 $\widetilde{\varepsilon}_c^{pl}$ 占非弹性应变 $\widetilde{\varepsilon}_c^{in}$ 的比例为 η_c，由式（4.5）反算可得：

$$d_c = \frac{(1-\eta_c)\widetilde{\varepsilon}_c^{in}E_0}{\sigma_c + (1-\eta_c)\widetilde{\varepsilon}_c^{in}E_0} \tag{4.7}$$

受拉与受压计算过程一致，区别是受拉是以开裂应变来定义的，相应的比例系数为 η_t。根据以往的研究，η_c 取 0.6、η_t 取 0.9。

4.4 预应力混凝土梁试验结果

4.4.1 缓黏结预应力混凝土梁受力性能

四根缓黏结预应力混凝土试验梁竖向荷载-跨中挠度曲线如图

4.7 所示。

由图 4.7（a）可知，1 号梁的开裂荷载为 245kN，极限承载力为 503kN。试验过程中，梁的最大挠度达到了 32mm，卸载后的残余挠度为 11.7mm。当竖向荷载达到 245kN 左右时，受力区混凝土开裂并退出工作，拉力由预应力筋和普通受拉钢筋承担；随着荷载的继续增大，裂缝继续开展，梁的挠度增长加快，竖向荷载达到试验梁最大承载力后，卸载，终止试验。

由图 4.7（b）可以看出，缓黏结剂的邵氏硬度为 $D=61HD$ 的 2 号预应力混凝土梁的开裂荷载为 227kN，极限承载力为 557kN。试验梁的最大挠度为 21.1mm，卸载后的残余变形为 7.8mm。竖向荷载达到 227kN 左右时混凝土开裂并退出工作；随着荷载的继续增大，裂缝继续开展，梁的挠度持续增长，在承载力达到最大值之后的卸载过程中，试验梁的挠度先增加然后下降，卸载为零时，试验终止。

如图 4.7（c）所示，缓黏结预应力混凝土 3 号试验梁的开裂荷载为 240kN，极限承载力为 597kN。试验过程中，梁的最大挠度达到 36.8mm，卸载后的残余挠度为 19.1mm。竖向荷载达到 240kN 左右时混凝土开裂并退出工作，跨中截面下缘的拉应力主要由预应力筋和普通钢筋承担；竖向荷载达到试验梁最大承载力时，跨中截面上翼缘混凝土被压碎，开始卸载。在卸载过程中，挠度先增加后下降，卸载为零时，终止试验。

如图 4.7（d）所示，缓黏结剂邵氏硬度 $D=93HD$ 时预应力混凝土 4 号梁的开裂荷载为 250kN，极限承载力为 609kN。试验过程中，梁的最大挠度达到 42mm，卸载后的残余挠度为 27mm。竖向荷载达到 250kN 时跨中下缘混凝土开裂；随着荷载的继续增大，裂缝继续开展，梁的挠度持续增长，当竖向荷载增加到梁最大承载力时上缘混凝土被压碎，然后卸载得出试验梁残余变形为 27mm。

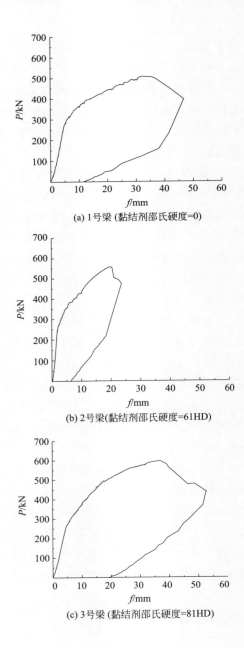

(a) 1号梁 (黏结剂邵氏硬度=0)

(b) 2号梁(黏结剂邵氏硬度=61HD)

(c) 3号梁 (黏结剂邵氏硬度=81HD)

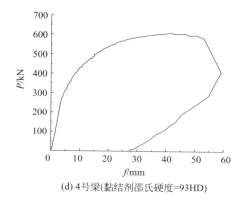

(d) 4 号梁(黏结剂邵氏硬度=93HD)

图 4.7　四根缓黏结预应力混凝土试验梁
竖向荷载-跨中挠度曲线

　　综上分析可知，1 号梁、3 号梁及 4 号梁的残余变形逐渐增大，分别为 11.7mm、19.1mm、27.2mm，原因在于随着固化时间的增长，缓黏结剂逐渐固化，缓黏结预应力筋与混凝土之间的黏结性能逐步增强，混凝土与缓黏结预应力筋逐渐形成良好的共同工作状态。从 1 号梁到 4 号梁，缓黏结剂固化程度不同，1 号梁进行承载力试验时缓黏结剂处于张拉适用期，缓黏结剂与混凝土之间黏滞力较小。4 号梁在进行承载力试验时缓黏结剂已经完全固化，混凝土与缓黏结预应力筋成为一体共同受力。1 号梁破坏时预应力筋未屈服，与混凝土之间黏滞力较小并产生滑移，卸载后由于预应力的存在使得梁的挠度减小，残余变形变小；4 号梁进行试验时承载能力较 1 号梁提高了 20%，梁破坏时预应力筋及普通钢筋屈服，使得卸载后试验梁的残余变形大于 1 号梁。预应力混凝土梁试验破坏的典型状态如图 4.8 所示。

　　缓黏结剂固化程度不同情况下，四根缓黏结预应力混凝土试验梁竖向荷载-跨中挠度曲线对比如图 4.9 所示，横坐标为测得的各

图 4.8 预应力混凝土梁试验后典型破坏状态

梁跨中挠度，纵坐标为施加的竖向荷载。开裂荷载、最大承载力及卸载后最大残余变形汇总见表 4.2。表中的开裂荷载和最大承载力理论值，根据国内外相关技术规程[59,60]求得。

从图 4.9 试验梁的荷载-挠度对比曲线可以看出，四根缓黏结

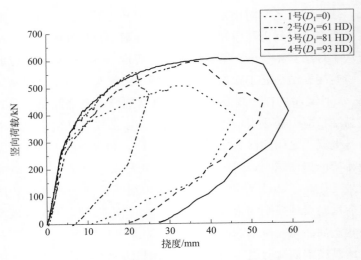

图 4.9 荷载-挠度对比曲线试验结果

剂固化程度不同的预应力混凝土梁荷载-挠度曲线大致可分为以下几个阶段：①预应力梁开裂前，荷载-挠度曲线呈线性变化，梁的刚度不变；②当荷载达到开裂荷载后，受拉区混凝土开裂逐渐退出工作，预应力筋和梁下缘主筋承担拉力，此时梁的刚度开始下降，随着竖向荷载的增大，梁的刚度下降加快，梁跨中挠度也快速增加；③在纯弯段梁上缘混凝土被压碎瞬间，梁达到了最大承载力；④从最大承载力到卸载初期，梁的挠度出现了不同程度的增加，之后随着荷载的减小，挠度变小，但荷载卸载到零时，各梁均残留下不可恢复的永久变形。

表 4.2　各梁开裂荷载、最大承载力及卸载后最大残余变形试验结果对比

构件编号	开裂荷载/kN		最大承载力/kN		最大残余变形 /mm
	理论值	实测值	理论值	实测值	
1 号梁	235	245	481	506	12.2
2 号梁	229	227	481	557	7.8
3 号梁	226	240	481	597	18.2
4 号梁	229	250	481	609	27.2

由表 4.2 可知，缓黏结剂固化程度不同，各梁的开裂荷载相差很小，并且开裂荷载试验结果与理论计算结果吻合较好，表明缓黏结剂固化程度对试件梁的开裂荷载影响较小，并且适用于现有预应力混凝土梁计算理论。但是，各梁的最大承载力随着固化度的增加而增加，除了 1 号梁外，其他 3 根梁试验结果均大于理论计算结果；卸载后除 2 号梁外，最大残余变形随着缓黏结剂固化度的增加而变大。这主要原因是由于随着缓黏结剂固化，增强了缓黏结剂的黏结作用，进而增强了预应力钢筋与混凝土之间传递荷载的能力，使得梁的最大承载力、进入弹塑性阶段的程度、延性均得到了较大幅度的增加，卸载后最大残余变形也有所增加。由图 4.9 和表 4.1

不同时期张拉预应力筋的 4 根梁荷载-挠度曲线对比可知，张拉时缓黏结剂固化程度对梁的开裂荷载及初期刚度影响较小，但对最大承载力及延性影响较大。张拉时缓黏结剂固化度越低，试件梁最大荷载越高，延性越好。各试验梁破坏情况如图 4.10 所示。

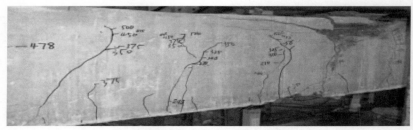

(a) 1号梁(缓黏结剂邵氏硬度D_1=0)

(b) 2号梁(缓黏结剂邵氏硬度D_1=61HD)

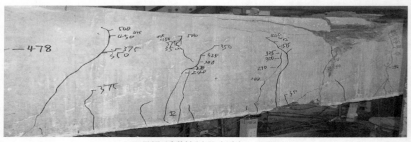

(c) 3号梁(缓黏结剂邵氏硬度D_1=81HD)

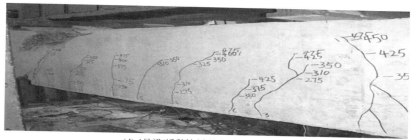

(d) 4 号梁(缓黏结剂邵氏硬度 D_1=93HD)

图 4.10　各试件梁破坏后裂缝分布情况

4.4.2　缓黏结预应力混凝土梁混凝土应力分布

试验过程中，荷载增加到各梁混凝土开裂前，梁跨中截面混凝土应变沿梁高分布如图 4.11 所示。图中横坐标为跨中各测点应变

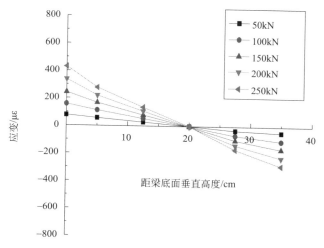

(a) 1 号梁跨中截面混凝土应变沿梁高分布

图 4.11

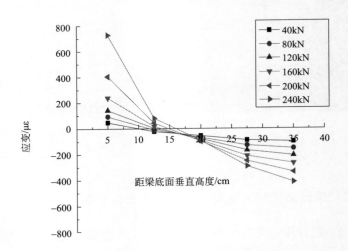

(b) 2号梁跨中截面混凝土应变沿梁高分布

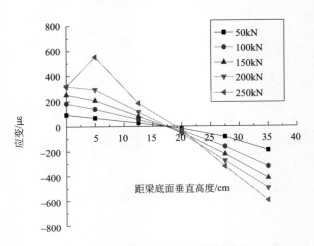

(c) 3号梁跨中截面混凝土应变沿梁高分布

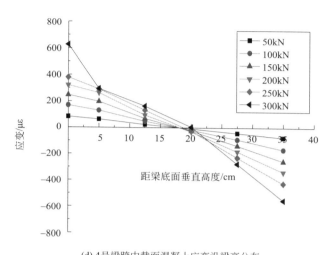

(d) 4号梁跨中截面混凝土应变沿梁高分布

图 4.11 梁跨中截面混凝土应变沿梁高分布

片到梁底的距离，纵坐标为应变片测得的应变，＋为拉应变，－为压应变。由图 4.11 可知，各梁混凝土应变分布规律大体一致，距离混凝土梁中性轴越远，产生的应变越大；随着荷载的增加，各测点的应变也随之增加；在梁底混凝土开裂前，测得截面各处的应变基本符合平截面假定。

4.4.3 缓黏结预应力混凝土梁加载过程中预应力筋受力性能

试验过程中，监测各梁两端缓黏结预应力筋受力性能变化情况如图 4.12 所示。图 4.12（a）为 1 号梁试验结果，图 4.12（b）为 2 号梁试验结果，图 4.12（c）为 3 号梁试验结果，图 4.12（d）为 4 号梁试验结果。横坐标为施加在梁上的竖向荷载，纵坐标为梁两端缓黏结预应力筋的应力，实线为张拉端处缓黏结预应力筋的应力，虚线为锚固端处缓黏结预应力筋应力。

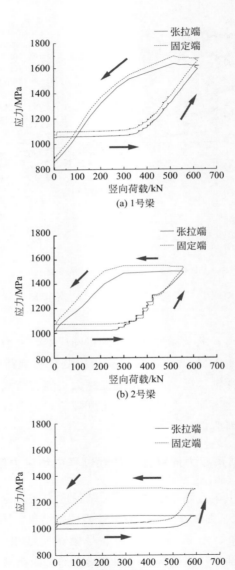

(a) 1号梁

(b) 2号梁

(c) 3号梁

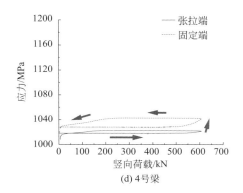

(d) 4 号梁

图 4.12　缓黏结预应力钢筋两端应力示意图

由图 4.12（a）可知，缓黏结预应力混凝土试件同一时期张拉锚固后，在不同固化期对试件进行承载力试验，1 号梁进行承载力加载试验时在张拉适用期，缓黏结剂还没有固化，缓黏结预应力钢筋和混凝土之间还没有形成有效的黏结力，力可以通过预应力钢筋很快传递，故此整个过程中试件两端测得的预应力筋应力相差非常小。随着竖向荷载的增加，前期试件两端预应力钢筋所受内力基本没有变化；当竖向荷载达到开裂荷载后，预应力筋所受的应力增加显著，但是张拉端与锚固端应力差几乎没有变化。在达到最大承载力卸载过程中，两端预应力筋的内力由 1600MPa 迅速下降到 1000MPa 以下。由于 1 号梁加载时缓黏结剂没有固化，预应力钢筋和混凝土之间还没形成有效的黏结力可以相对滑动，预应力筋的内力随着外荷载的增减而快速增减。

由图 4.12（b）可知，随着竖向荷载的增加，2 号梁端部预应力钢筋应力基本没有变化，当竖向荷载达到混凝土开裂荷载后，应力增加显著，在最大竖向荷载时达到了 1510MPa 左右。之后，竖向荷载卸载到开裂荷载附近时，梁端部预应力钢筋应力几乎没有变化。当竖向荷载下降到零时，端部预应力钢筋的应力迅速下降。这是由于 2 号试验梁加载时缓黏结剂开始固化，预应力筋和混凝土之间形成一定的黏结力，导致在竖向荷载卸载初期，预应力筋的内力没有明显变化。

由图 4.12 （c）可知，3 号梁的端部预应力筋应力，随着竖向荷载的增加，初期几乎没有变化，当荷载达到试件梁开裂荷载 240kN 时，应力增长仍然缓慢，竖向荷载达到 450kN 时端部预应力钢筋应力增加 16MPa，之后随着竖向荷载的增加，迅速增加到 1200MPa。当竖向荷载从最大承载力卸载到 150kN 附近时，梁端部预应力筋应力几乎没有变化，之后随着竖向荷载的降低而缓慢下降。

由图 4.12 （d）可知，4 号梁的端部预应力筋的应力，随着竖向荷载增加到最大承载力过程中，增加幅度不大且缓慢。当竖向荷载从最大承载力卸载到 200kN 附近时，梁端部预应力筋的应力几乎没有变化，之后随着竖向荷载的降低而缓慢下降。

4.4.4 缓黏结预应力混凝土梁关键截面混凝土应变分析

（1）跨中梁上缘混凝土压应变

加载过程中，缓黏结预应力混凝土梁竖向荷载与跨中截面上缘混凝土应变之间的关系如图 4.13 所示。

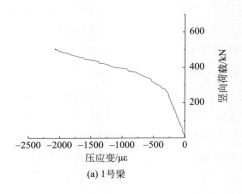

(a) 1号梁

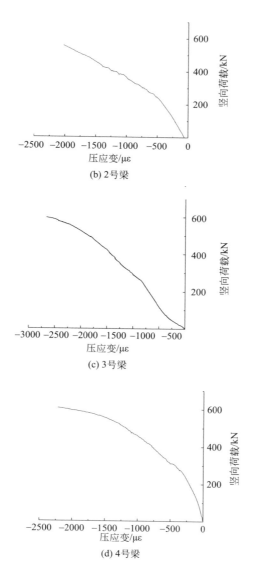

图 4.13　各缓黏结预应力混凝土梁跨中截面上缘混凝土应变随荷载变化

从图 4.13 中的荷载-应变曲线可以看出，曲线前半段呈线性变化，梁的刚度不变，当荷载达到 250kN 左右时曲线斜率减小，梁的刚度减小，说明此时受拉区混凝土出现裂缝。随着荷载的继续增大，裂缝继续开展，梁的刚度随之下降，受压混凝土的高度不断减小，有效承压面积不断减小，所以梁顶混凝土压应变增长较快，直至竖向荷载达到最大承载能力，混凝土被压碎。

四根缓黏结预应力混凝土梁竖向荷载与跨中截面上缘混凝土的压应变关系对比曲线如图 4.14 所示。由图 4.14 可知，试验梁破坏时 4 号梁顶跨中的混凝土压应变最大，3 号梁次之，1 号梁混凝土的压应变最小。这主要是由于随着缓黏结剂固化程度的增长，缓黏结预应力筋与混凝土之间将逐渐黏结为一体，共同受力，缓黏结预应力混凝土试件梁承载力提高所致（4 号梁的最大承载力比 1 号梁高 20%左右）。

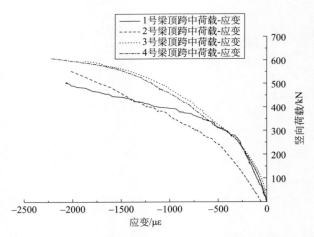

图 4.14　竖向荷载-跨中截面上缘混凝土压应变曲线对比

（2）跨中梁底缘混凝土拉应变

加载过程中，1 号梁竖向荷载与跨中截面下缘混凝土拉应变关系如图 4.15 所示。横坐标为测得的拉应变，纵坐标为施加的竖向荷载。

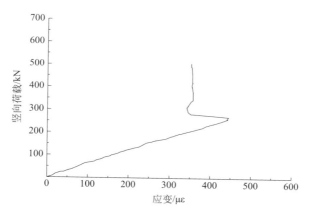

图 4.15　1 号梁竖向荷载-跨中
截面下缘混凝土拉应变关系

试件梁在加载过程中，施加的荷载小于开裂荷载时，测得的混凝土拉应变随着荷载的增加而增加，表现出较好的线性关系；当施加的荷载达到 245kN 时，此处位置混凝土拉应变达到峰值 $450\mu\varepsilon$，之后随着荷载的增加，应变急剧下降，荷载达到 300kN 后，应变基本保持在 $340\mu\varepsilon$ 左右。这主要是因为荷载在 245kN 时受拉区混凝土出现裂缝，裂缝不在跨中贴应变片的位置，因而此时由于裂缝的开展，出现竖向荷载增大而所测得的混凝土应变减小的现象。

2 号梁竖向荷载与跨中截面下缘混凝土拉应变关系如图 4.16所示。由图可知，试件梁在加载过程中，施加的荷载小于开裂荷载时，测得的混凝土拉应变随着荷载的增加而增加，大致表现出线性关系；当荷载达到 250kN 左右时跨中部分在竖向荷载增加不大的情况下，混凝土拉应变急剧增加，此时拉区混凝土出现裂缝；当荷载达到 320kN 左右时，跨中处混凝土应变随荷载增加而继续增加，并且应变增长非常迅速，表明此时拉区混凝土出现裂缝，并且裂缝所在位置为在跨中贴应变片的位置。当施加的荷载超过 390kN 后，2 号梁跨中混凝土的拉应变随着荷载急剧增加，其应变值超过 $1500\mu\varepsilon$。

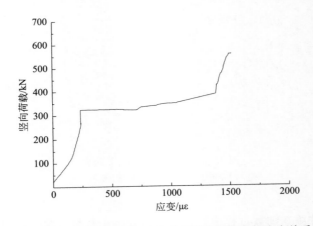

图 4.16　2 号梁竖向荷载-跨中截面下缘混凝土拉应变关系

　　3 号梁和 4 号梁竖向荷载与跨中截面下缘混凝土拉应变关系曲线如图 4.17 和图 4.18 所示。从图 4.17 和图 4.18 可知，加载过程中，施加的竖向荷载小于开裂荷载时，测得的混凝土拉应变随着荷载的增加而增加，呈现出良好的线性关系，3 号梁竖向荷载增加到 350kN 左右、4 号梁竖向荷载增加到 300kN 左右时，混凝土拉应变急剧增加，此时混凝土试验梁跨中截面受拉区混凝土出现裂缝并且导致此处张贴的应变片破坏。

　　（3）梁底 1/3 跨度处混凝土拉应变

　　加载过程中，1 号缓黏结预应力混凝土梁竖向荷载-梁底 1/3 跨度应变曲线如图 4.19 所示。

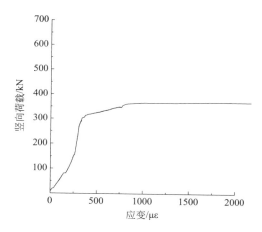

图 4.17　3 号梁竖向荷载-跨中截面下缘混凝土拉应变关系

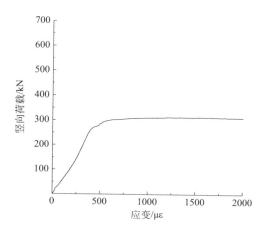

图 4.18　4 号梁竖向荷载-跨中截面下缘混凝土拉应变关系

由图 4.19 可知，荷载-应变曲线的前半段呈线性变化，表明钢筋与混凝土共同工作，当荷载达到 245kN 左右时，随竖向荷载的增加混凝土应变反而减小，表明此时受拉区混凝土出现裂缝。由于裂缝不在所贴应变片的位置，因此该处的应变随着竖向荷载增大而减小。

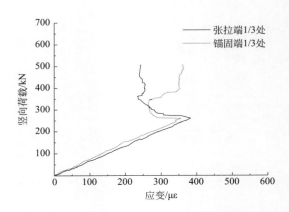

图 4.19　1 号梁竖向荷载-梁底 1/3 跨度应变曲线

加载过程中，2 号梁竖向荷载-梁底 1/3 跨度应变曲线如图 4.20 所示。由图可知，加载初期荷载与混凝土应变呈线性关系，钢筋与混凝土共同工作。张拉端 1/3 跨度处在荷载达到 240kN 时，应变片附近出现裂缝，混凝土退出工作。此时应变片位置应变减小，之后随着荷载的增加应变变化不大。锚固端 1/3 跨度处由于附近裂缝的出现，使得应变随着荷载的增加而基本保持稳定状态。2 号梁 1/3 跨度处裂缝开展情况如图 4.21 所示。

加载过程中，3 号缓黏结预应力混凝土梁竖向荷载-梁底 1/3 跨度应变曲线如图 4.22 所示。由图可知，3 号梁在加载过程中，施加的荷载小于开裂荷载时，测得的混凝土拉应变随着荷载的增加而增加，表现出较好的线性关系，在竖向荷载达到 270kN 时，应变片处由于裂缝的出现使得此处混凝土应变片数值急剧增加而损坏。3 号梁 1/3 跨度处裂缝开展情况如图 4.23 所示。

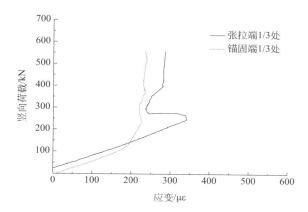

图 4.20　2 号梁竖向荷载-梁底 1/3 跨度应变曲线

(a) 张拉端 1/3 处裂缝实物图

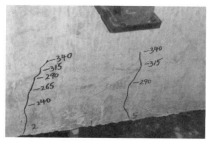

(b) 锚固端 1/3 处裂缝实物图

图 4.21　2 号梁底 1/3 跨度处裂缝实物图

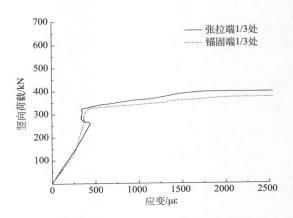

图 4.22　3 号梁底 1/3 跨度处荷载-应变曲线

图 4.23　3 号梁底 1/3 跨度处裂缝实物图

4 号梁竖向荷载-梁底 1/3 跨度应变曲线如图 4.24 所示。从图可知，4 号试件梁在加载过程中，施加的荷载小于开裂荷载时，测得的混凝土拉应变随着荷载的增加而增加，表现出较好的线性关系。在竖向荷载达到 275kN 时，粘贴应变片附近的混凝土开裂并退出工作，使得应变片位置混凝土在荷载持续增加的情况下应变变化不大，直至试验梁顶混凝土被压碎，试件梁底 1/3 跨度位置应变保持在 $300\mu\varepsilon$ 左右。

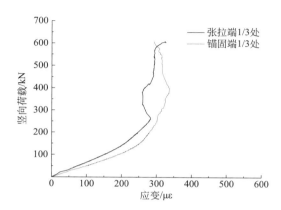

图 4.24　4 号梁底 1/3 跨度处荷载-应变曲线

4.4.5　缓黏结预应力混凝土梁裂缝开展情况分析

在工程应用中，缓黏结预应力混凝土构件在竖向荷载作用下，当所受主拉应力超过混凝土抗拉强度时会引起混凝土的开裂，裂缝沿主拉应力的方向增宽，裂缝的扩展方向通常与所受主拉应力的方向正交。由于缓黏结预应力混凝土构件固化程度的不同，裂缝开裂位置、最大裂缝宽度、纯弯段主裂缝数量、裂缝长度及主裂缝之间的间距会表现出不同的形式。表 4.3～表 4.6 给出了各缓黏结预应力混凝土梁试验过程中裂缝开展状况。

在加载初期，试验梁基本上处于弹性阶段，表面没有出现裂缝，当荷载加载到一定阶段时，在梁的纯弯段出现第一批裂缝，并且裂缝之间的间距相对较大，由表 4.3～表 4.6 可知，各试验梁加载到 240～280kN 时，出现第一条裂缝；随着荷载的增加，出现的裂缝有一定的延伸和开展，裂缝的宽度也变大，陆续出现新的裂缝。缓黏结预应力梁加载过程中裂缝主要出现在纯弯段，并且主裂缝数量一般为 4～5 条，各条主裂缝平均间距相差不大，裂缝在纯弯段分布基本均匀。随着荷载的增加裂缝逐渐增多并且裂缝的宽度呈现同步增长的趋势，试验梁承载力达到极限状态时裂缝开展很快甚至贯穿整个截面，直到试件梁破坏。

1 号梁在竖向荷载 245kN 时开始出现裂缝，之后随着荷载的增加，裂缝逐渐扩展，并且裂缝宽度也逐渐增大，在 360kN 时第 4 条裂缝的宽度就超过了 0.2mm，当施加的荷载达到 480kN 时，最大的裂缝宽度达到了 1.41mm，表现出无黏结预应力混凝土结构的破坏特征，即裂缝少而宽。

表 4.3　1 号梁试件裂缝开展状况

荷载等级/kN	1 号梁试件纯弯段主裂缝宽度/mm			
	编号 1	编号 2	编号 3	编号 4
245	开裂			
275	0.06	0.07	0.07	0.08
300	0.07	0.07	0.07	0.10
325	0.07	0.09	0.10	0.12
360	0.08	0.15	0.16	0.28
375	0.15	0.21	0.17	0.86
400	0.15	0.21	0.17	0.86
420	0.60	0.33	0.64	1.21
480	0.88	0.66	1.07	1.41
506	破坏			
各条主裂缝平均间距	256mm			

2 号梁出现裂缝时的荷载为 227kN，在 300kN 时第 1 条裂缝的宽度就超过了 0.2mm，在 425kN 时，最大的裂缝宽度达到了 1.21mm，同时 2 号梁也表现出无黏结预应力混凝土结构的破坏特征。

表 4.4　2 号梁试件裂缝开展状况

荷载等级/kN	2 号梁试件纯弯段主裂缝宽度/mm			
	编号 1	编号 2	编号 3	编号 4
227	开裂			
250	0.08	0.05	0.06	—
275	0.09	0.07	0.11	0.19
300	0.20	0.17	0.23	0.31
325	0.20	0.16	0.19	0.25
360	0.21	0.17	0.40	0.26
375	0.25	0.23	0.53	0.53
400	—	0.47	0.92	0.57
425		0.61	1.21	1.01
450				
557	破坏			
各条主裂缝平均间距	248mm			

　　3 号梁和 4 号梁，出现裂缝时的荷载与 1 号梁相差不大，随着荷载的增加，3 号梁在 365kN 荷载级别时裂缝宽度超过 0.2mm，并且随着荷载的增加，裂缝宽度增加缓慢，在 390kN 荷载级别时最大裂缝宽度为 0.23mm。1～3 号梁在纯弯段均出现了 4 条裂缝，但 3 号梁的裂缝平均间距比 1 号梁和 2 号梁小。同样，4 号梁随着荷载的增加裂缝宽度开展缓慢，并且在纯弯段梁出现了 5 条裂缝，在 425kN 荷载级别时，最大裂缝宽度为 0.39mm，并且裂缝的平均间距只有 230mm。3 号和 4 号梁的破坏特征表现出有黏结预应力混凝土结构的破坏特征，即裂缝多而窄。

表 4.5　3 号梁试件裂缝开展状况

荷载等级/kN	3 号梁试件纯弯段主裂缝宽度/mm			
	编号 1	编号 2	编号 3	编号 4
245	开裂			
270	0.08	0.08	0.09	0.09
290	0.13	0.14	0.09	0.09
310	0.18	0.19	0.10	0.13
330	0.17	0.19	0.10	0.17
350	0.17	0.19	0.10	0.19
365	0.17	0.19	0.09	0.23
390	0.13	0.20	0.11	0.23
597	破坏			
各条主裂缝平均间距	233mm			

表 4.6　4 号梁试件裂缝开展状况

荷载等级/kN	4 号梁试件纯弯段主裂缝宽度/mm				
	编号 1	编号 2	编号 3	编号 4	编号 5
250	开裂				
270	0.11	0.06	0.05	0.04	—
290	0.2	0.06	0.07	0.05	0.15
330	0.22	0.09	0.13	0.09	0.16
350	0.29	0.05	0.11	0.17	0.17
375	0.32	0.11	0.11	0.19	0.15
400	0.37	0.18	0.14	0.25	0.19
425	0.39	0.2	0.18	0.32	0.25

续表

荷载等级/kN	4 号梁试件纯弯段主裂缝宽度/mm				
	编号 1	编号 2	编号 3	编号 4	编号 5
609	破坏				
各条主裂缝平均间距	230mm				

试验结束后各梁纯弯段混凝土裂缝开展情况如图 4.25 所示。

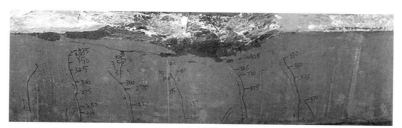

(a) 1号梁

(b) 2号梁

(c) 3号梁

图 4.25

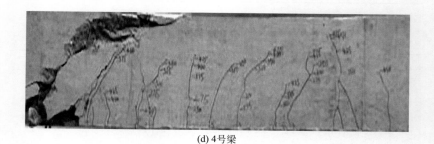

(d) 4号梁

图 4.25　裂缝开展情况

4.5　缓黏结预应力混凝土梁受力性能有限元分析

4.5.1　1号梁有限元分析结果

1号缓黏结预应力混凝土梁的力-位移曲线有限元分析结果如图 4.26 所示，位移加载至承载力最大时的应力云图如图 4.27 所示，其中图 4.27（a）表示混凝土第一主应力云图，图 4.27（b）表示混凝土等效塑性应变，图 4.27（c）表示普通钢筋应力云图，图 4.27（d）表示预应力筋应力云图。

由图 4.26 和图 4.27 可知，试件梁加载前期，力与位移曲线呈线性，刚度不变。加载至 273.08kN 时，混凝土的拉应变达到极限拉应变，此时梁开裂。开裂后，试件梁受拉区混凝土退出工作，拉力由预应力筋和主筋承担，梁的刚度随着荷载的增加而下降。继续加载，位移达到 18.25mm 时，试验梁达到极限承载力 508.43kN。受压区混凝土被压碎，预应力筋屈服。之后，梁的承载力开始下降，挠度快速增大，混凝土裂缝开展迅速，甚至贯穿整个截面。

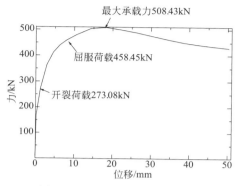

图 4.26　1 号梁的力-位移曲线

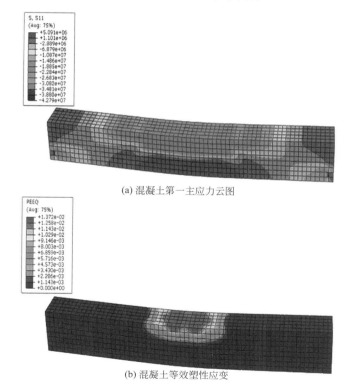

(a) 混凝土第一主应力云图

(b) 混凝土等效塑性应变

图 4.27

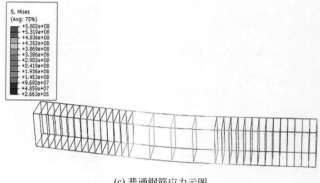

(c) 普通钢筋应力云图

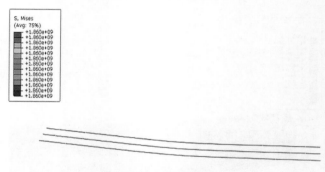

(d) 预应力筋应力云图

图 4.27　1 号梁的应力云图

4.5.2　2 号梁有限元分析结果

2 号缓黏结预应力混凝土梁力-位移有限元分析结果如图 4.28 所示。荷载施加到最大承载力时各部件应力云图如图 4.29 所示，其中图 4.29 (a) 表示混凝土第一主应力云图，图 4.29 (b) 表示混凝土等效塑性应变，图 4.29 (c) 缓黏结材料应力云图，图 4.29 (d) 表示普通钢筋应力云图，图 4.29 (e) 表示预应力筋应力云图。

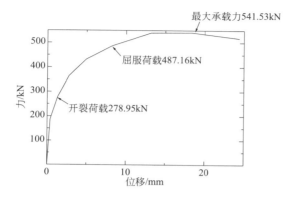

图 4.28　2 号梁的力-位移曲线

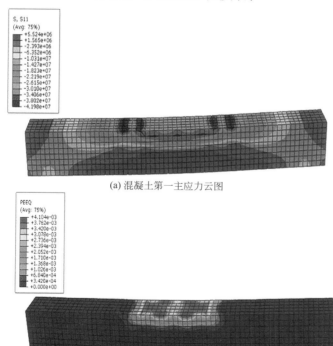

图 4.29

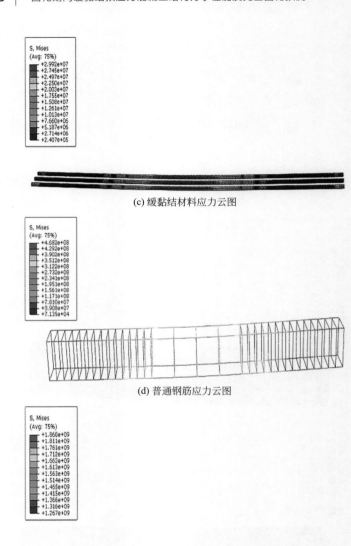

(c) 缓黏结材料应力云图

(d) 普通钢筋应力云图

(e) 预应力筋应力云图

图 4.29　2 号梁的应力云图

由图 4.28 和图 4.29 可知，2 号试件梁加载前期，力与位移呈线性关系，梁的刚度不变，加载至 278.95kN 时，混凝土的拉应变达到极限拉应变，此时 PC 梁混凝土开裂。PC 梁混凝土开裂后受拉退出工作，拉力由预应力筋和主筋承担。梁的刚度随着荷载的增加而逐渐下降，裂缝继续开展，位移快速增长。当梁跨中位移增加到 18.33mm 时，2 号 PC 梁达到极限承载力 541.53kN，此时受压区混凝土被压碎，预应力筋屈服，缓黏结剂最大应力达到 29.9MPa，没有达到破坏状态。

4.5.3　3 号梁有限元分析结果

3 号缓黏结预应力混凝土梁的力-位移有限元分析结果如图 4.30 所示。荷载施加到最大承载力时各部件应力云图如图 4.31 所示。

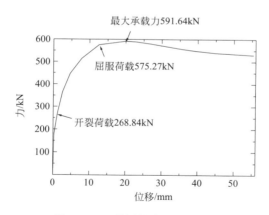

图 4.30　3 号梁的力-位移曲线

从图 4.30 和图 4.31 可以看出，3 号 PC 梁加载前期，力与位移呈线性变化，梁的刚度不变，加载至 268.84kN 时，混凝土的拉应变达到极限拉应变，PC 梁混凝土开裂。受拉区混凝土开裂后退出工作，梁的刚度随着荷载的增加而逐渐下降。持续加载至 19.90mm 时，3 号 PC 梁达到极限承载力 591.64kN 时，受压区混凝土被压碎，预应力筋屈服，缓黏结剂最大应力达到 67.9MPa，此时缓黏结剂接近极限状态。之后，随着梁跨中竖向位移的增加，3 号 PC 梁的承载力减小。

(a) 混凝土应力云图

(b) 混凝土等效塑性应变

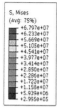

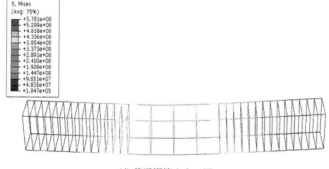

(c) 缓黏结材料应力云图

(d) 普通钢筋应力云图

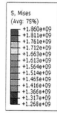

(e) 预应力筋应力云图

图 4.31　3 号梁的应力云图

4.5.4　4号梁有限元分析结果

4号缓黏结预应力混凝土梁的力-位移曲线如图 4.32 所示。最大承载力时各部件应力云图如图 4.33 所示。

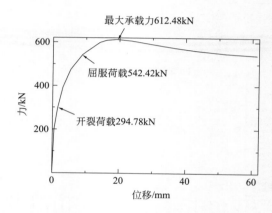

图 4.32　4号梁的力-位移曲线

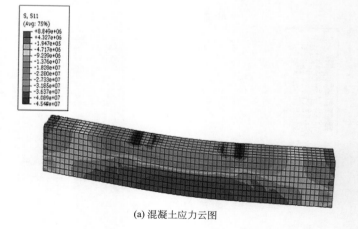

(a) 混凝土应力云图

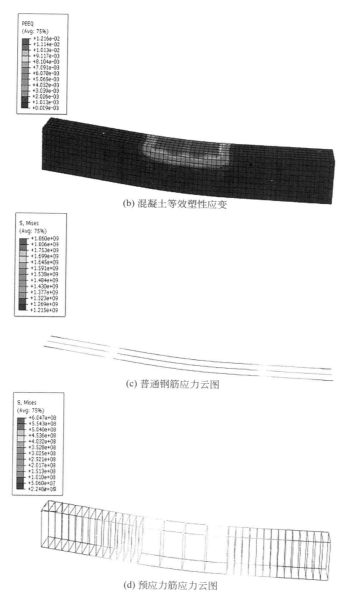

(b) 混凝土等效塑性应变

(c) 普通钢筋应力云图

(d) 预应力筋应力云图

图 4.33　4 号梁的应力云图

从图 4.32 和图 4.33 中可以看出，加载前期 4 号 PC 梁力-位移曲线呈线性关系。加载至 294.78kN 时，混凝土的拉应变达到极限拉应变，此时 PC 梁的混凝土开裂。开裂后，受拉区混凝土退出工作，梁的刚度随着荷载的增加逐渐下降，持续加载至 19.11mm 时，4 号 PC 梁达到极限承载力 612.48kN，此时受压区混凝土被压碎，预应力筋屈服。

4.5.5 有限元结果与试验结果对比

各梁有限元分析与试验结果对比曲线如图 4.34 所示，其中实线为试验结果，虚线为有限元分析结果。有限元分析与试验得到的开裂荷载和最大承载力对比结果如表 4.7 所示。

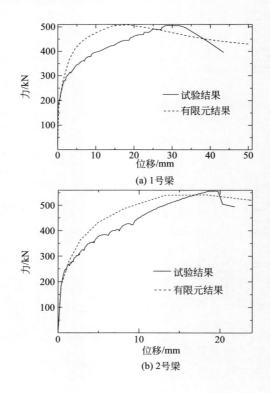

(a) 1号梁

(b) 2号梁

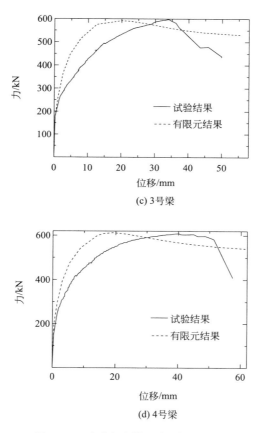

(c) 3 号梁

(d) 4 号梁

图 4.34　试验与有限元力-位移曲线

由图 4.34 可知，各试件 PC 梁加载初期，有限元与试验的初期刚度基本相同，力-位移曲线呈线性变化。继续加载至梁受拉区混凝土开裂后，拉力由钢绞线和主筋共同承担，此时试验测得的各梁刚度减小速度较快，有限元结果较缓慢。随着荷载继续增加，各试件梁达到极限承载力，试验和有限元结果数值偏差较小，但有限元模型较快地达到了最大承载力，试验试件最大承载力相对较慢。然而达到最大承载力后，有限元模型的承载力下降得较为缓慢。有限元分析结果与试验结果出现偏差的主要原因是试验试件各种材料的力学性能存在较大的离散性，在进行有限元分析设置时，把试件的混凝土、缓黏结剂等材料均考虑成理想的各向同性材料。另外，4个试验试件进行承载力试验前后进行了一年的时间，在此期间，试件的温度、湿度等外界因素对缓黏结预应力混凝土梁缓黏结剂的固化性能影响较大，进而影响了缓黏结剂的力学性能。

表 4.7　梁开裂荷载、最大承载力

梁编号	固化度 D/HD	开裂荷载/kN		最大承载力/kN	
		有限元	试验	有限元	试验
1	0	273.08	245	508.43	506.1
2	61	278.95	227	541.53	556.7
3	81	268.84	240	591.64	597.4
4	93	294.78	250	612.48	608.3

从表 4.7 可以看出缓黏结剂固化度不同时，各梁的开裂荷载也不尽相同，但缓黏结剂固化度对开裂荷载的影响较小，有限元分析得到的各缓黏结 PC 梁开裂荷载与试验得到的开裂荷载偏差在 20% 左右。另外从表 4.7 可知，缓黏结剂固化度对最大承载力的影响较大，梁的最大承载力随着缓黏结剂固化度的增大而增大，有限元分析得到的最大承载力和试验得到的最大承载力相差不大，缓黏结剂固化度为 0 的 PC 梁有限元分析得到的最大承载力与试验的偏差为 0.46%，缓黏结剂固化度为 61HD 的梁有限元分析得到的最大承载力与试验的偏差为 2.72%，缓黏结剂固化度为 81HD 的梁有限元分析得到的最大承载力与试验的偏差为 0.96%，缓黏结剂固化度为 93HD 的梁有限元分析得到的最大承载力与试验的偏差为 0.69%[61]。

通过上述分析可知，有限元分析在一定程度上可以较准确地模拟试验结果，表明有限元模型中单元类型的选择、材料的本构关系、接触的设置、边界条件以及荷载的施加等是行之有效的。

4.6　本章小结

① 在张拉适用期内张拉的试验梁，试验时缓黏结剂固化度对预应力混凝土梁的开裂荷载影响较小，但对最大承载力影响较大，利用现有的预应力混凝土计算理论，计算的开裂荷载与试验结果吻合较好，但最大承载力的理论计算结果相对保守。

② 在张拉适用期内张拉的试验梁，随着缓黏结剂固化，梁的极限承载力也随之增加，当缓黏结剂的邵氏硬度达到 80HD 时，缓黏结预应力钢筋与混凝土具有良好的共同工作状态，梁纯弯段部分的裂缝开展均匀，数量较多，其承载力及延性也最大。

③ 缓黏结剂固化度对梁的初期刚度影响不大，试件梁加载前期，试验结果与有限元分析结果梁的初期刚度基本相同。有限元分析得到模型的开裂荷载、最大荷载与试验结果相差不大，表明建立的有限元分析模型行之有效。

第 5 章

张拉时机对缓黏结预应力
混凝土梁力学性能的影响

5.1　张拉期不同的预应力混凝土梁试验概述

　　本书第 4 章主要研究了在张拉适用期内张拉缓黏结预应力筋在不同固化程度下进行梁的承载力试验，探明了固化度对缓黏结预应力混凝土梁力学性能的影响，进而了解了在实际工程中，只有在缓黏结剂完全达到固化后，其力学性能才能达到有黏结预应力混凝土结构的状态，结构才能更安全可靠。

　　本章将讨论缓黏结预应力混凝土梁，如果由于施工流程没有严格控制，错过了张拉适用期而在缓黏结剂固化期间张拉预应力筋，在相同固化度下进行承载力试验。通过分析不同张拉时机，同一固化期下进行缓黏结预应力混凝土梁承载力试验，测得梁的承载力、跨中挠度、预应力筋应力变化、混凝土的应变、裂缝的开展状况等内容，讨论张拉时机不同对缓黏结预应力混凝土梁力学性能的影响[62]。

5.2　试验试件张拉时及承载力试验时缓黏结剂固化情况

　　关于张拉时机对缓黏结预应力混凝土梁力学性能的影响，本章共选取了 8 根梁，按照第 2 章制作的 10 根梁的编号，根据张拉和承载力试验时缓黏结剂邵氏硬度不同，分成三组进行讨论。分组情况如表 5.1 所示。

表 5.1　抗弯试验时缓黏结剂的固化情况　　　单位：HD

组别	第一组			第二组			第三组	
梁编号	2	6	7	3	8	9	4	10
张拉时缓黏结剂的邵氏硬度 D_0	0	38	45	0	65	78	0	81
抗弯时缓黏结剂的邵氏硬度 D_1	61	61	61	81	81	81	93	93

　　缓黏结预应力混凝土梁随着固化时间的增长，缓黏结剂逐步固化。从张拉适用期到固化期整个过程中，缓黏结剂的状态一直持续变化，从黏稠液体到可塑性的固体最后到完全固化呈现为极硬的固体状态，整个过程中缓黏结预应力筋、缓黏结剂、混凝土之间的黏结力持续增长，完全固化后缓黏结预应力钢筋与混凝土形成良好的共同受力状态，梁的承载能力和延性与有黏结预应力混凝土梁相当。当错过张拉适用期，在某种固化程度下张拉缓黏结预应力筋，将会使缓黏结剂与预应力筋之间已经建立起来的黏结性能遭到破坏（本书第 3 章的张拉摩擦系数测试中有该现象的发生），张拉完成后，缓黏结剂又重新与预应力筋之间建立黏结，这种状况下建立起来的黏结力对缓黏结预应力混凝土结构产生多大的影响，由于缺乏扰动后黏结性能方面的数据，本章中的 6～10 号梁没有进行有限元分析，主要以试验数据结果为基础讨论错过张拉时机，在缓黏结剂固化期间张拉预应力筋，在固化期间、完全固化时进行梁的承载力试验，得到了三组梁的力学性能试验结果。下面将分组进行试验结果分析。

5.3 第一组试验结果分析

5.3.1 第一组试件梁荷载-挠度曲线

张拉时缓黏结剂固化度分别为 0、38HD 和 45HD 的 3 根缓黏结预应力混凝土梁，在缓黏结剂固化程度为 61HD 时进行了梁的承载力试验，其试验得到了竖向荷载-跨中挠度曲线结果如图 5.1 所示。横坐标为测得各梁跨中挠度，纵坐标为施加的竖向荷载。

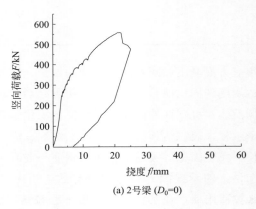

(a) 2号梁 (D_0=0)

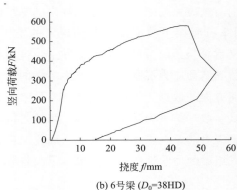

(b) 6号梁 (D_0=38HD)

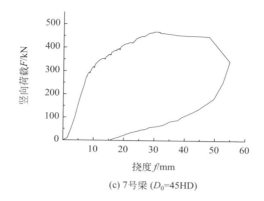

(c) 7 号梁 (D_0=45HD)

图 5.1 第一组试件梁荷载-挠度曲线

由图 5.1 (a) 可知，2 号梁的开裂荷载为 227kN，极限承载力为 560kN；试验过程中，2 号梁的最大挠度为 25mm，卸载后的残余挠度为 8mm。从图 5.1 (a) 中可以看出 2 号梁竖向荷载达到 227kN 左右时混凝土开裂并退出工作，拉力由预应力筋承担；随着荷载的继续增大，裂缝继续开展，梁的挠度增长加快，竖向荷载达到梁承载力极限状态时试验梁破坏。

6 号梁的开裂荷载为 221kN，极限承载力为 560kN。试验过程中，6 号梁的最大挠度为 54mm，卸载后的残余挠度为 15.1mm。从图 5.1 (b) 中可以看出，6 号梁竖向荷载达到 221kN 左右时混凝土开裂并退出工作，拉力由预应力筋承担；随着荷载的继续增大，裂缝继续开展，梁的挠度增长加快，竖向荷载达到梁的承载力极限状态时试验梁被破坏。

7 号梁的开裂荷载为 225kN，极限承载力为 480kN；试验过程中，7 号梁的最大挠度为 53mm，卸载后的残余挠度为 15.3mm。从图 5.1 (c) 中可以看出 7 号梁竖向荷载达到 225kN 左右时混凝土开裂并退出工作，拉力由预应力筋承担；随着荷载的继续增大，裂缝继续开展，梁的挠度增长加快，竖向荷载达到梁的承载力极限状态时梁被破坏。

第一组 3 根缓黏结预应力混凝土梁荷载-挠度对比曲线如图 5.2 所示，横坐标为测得各梁跨中位置的挠度，纵坐标为施加的竖向荷载。预应力混凝土梁开裂荷载、最大承载力及残余变形汇总见表 5.2。

表 5.2　第一组预应力混凝土梁开裂荷载、最大承载力及残余变形结果汇总

| 试件 | | D_0 /HD | D_1 /HD | 开裂荷载/kN | | 极限荷载/kN | | 最大残余变形/mm |
组别	编号			理论值	实测值	理论值	实测值	
第一组	2	0	61	232	227	481	560	8
	6	38	61	249	221	481	560	15.1
	7	45	61	240	225	481	480	15.3

注：D_0 为张拉时缓黏结剂固化度，D_1 为抗弯试验时缓黏结剂度化固化度。

第一组荷载-挠度曲线大致可分为以下几个阶段：①预应力梁开裂前，荷载-挠度曲线呈线性变化，梁的刚度不变；②当荷载达到开裂荷载后，受拉区混凝土开裂并逐渐退出工作，此时梁的刚度开始下降，随着竖向荷载的增大，梁的刚度下降加快，梁跨中挠度也快速增加；③在纯弯段受压区混凝土被压碎瞬间，梁达到了最大承载力；④从最大承载力到卸载初期，梁的挠度出现了不同程度的增加，之后随着荷载的减小，挠度变小，但荷载为零时，各梁均残留下不可恢复的变形。

从图 5.2 和表 5.2 可知：第一组试验中 2 号、6 号、7 号梁的开裂荷载分别为 227kN、221kN 和 225kN，开裂荷载随着张拉时缓黏结固化程度增加而降低，极限承载力分别为 560kN、560kN、480kN，极限荷载随着张拉时缓黏结固化程度增加而降低。同时可以看出，张拉适用期内张拉的 2 号梁开裂荷载、极限荷载实测值均

大于理论值，接近有黏结预应力梁受力状态，而固化期内张拉的 6
号、7 号梁开裂荷载与理论值相比均有不同程度的降低。

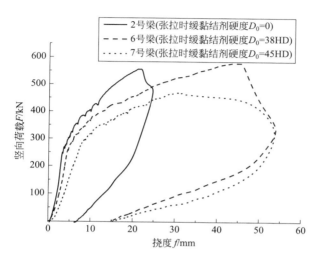

图 5.2　第一组试件梁荷载-挠度对比曲线

　　试验中 2 号、6 号、7 号试件梁的残余挠度逐渐增加，表明缓
黏结预应力混凝土梁的残余挠度随张拉时缓黏结剂固化程度的增加
而增大，这是因为张拉时固化程度越低的梁，缓黏结剂、钢绞线、
混凝土三者之间结合能力越强，三者之间具有更合理的传力机制，
试件梁的裂缝开展更加均匀。试验过程中张拉时缓黏结剂固化程度
低的试件梁在最大承载力时的挠度较大，残余挠度较小，这说明张
拉时缓黏结剂固化程度低的缓黏结预应力混凝土梁传力机制更合
理，预应力梁的延性增强、裂缝开展更加均匀且最终的破坏状态
较轻。

5.3.2　混凝土应变沿梁高分布

　　试验过程中，荷载增加到各梁混凝土开裂前，梁跨中截面混凝

土应变沿梁高分布如图 5.3 所示。图中横坐标为跨中各测点应变片到梁底的距离，纵坐标为应变片测得的应变，＋为拉应变，－为压应变。由图 5.3 可知，各梁混凝土应变分布规律大体一致，距离混凝土梁中性轴越远，产生的应变越大；各测点的应变也随着荷载的增加而增加；在梁底混凝土开裂前，测得截面各处的应变基本符合平截面假定。

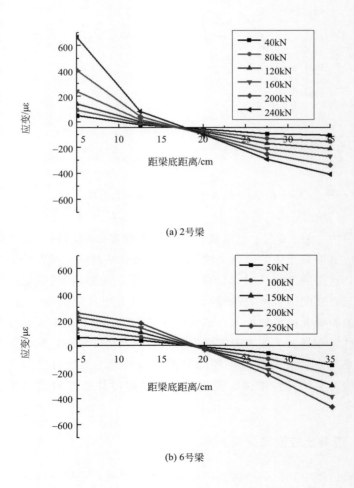

(a) 2号梁

(b) 6号梁

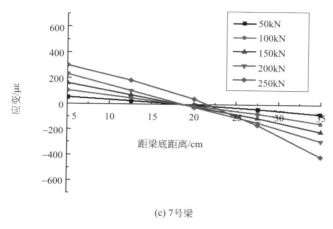

(c) 7号梁

图 5.3　第一组 3 根缓黏结预应力混凝土梁
跨中截面混凝土应变沿梁高分布

5.3.3　混凝土应变分析

　　加载过程中，各缓黏结预应力混凝土梁跨中上、下缘混凝土应力及 1/3 跨下缘混凝土应变变化如图 5.4 所示，其中横轴表示混凝土应变，纵轴表示在梁上施加的竖向荷载，拉应变为正，压应变为负。

　　由图 5.4 可知：当施加在梁上的竖向荷载小于开裂荷载时，各截面测得的混凝土应变无论是压应变还是拉应变随荷载的增加而增加，表现为线性关系。当竖向荷载超过开裂荷载后，各梁跨中上缘混凝土的压应变快速增加，直至上缘混凝土被压碎，而各梁跨中及 1/3 跨下缘混凝土除了个别的拉应变随着竖向荷载迅速增加外，其他拉应变达到某个峰值后，即达到 $300\mu\varepsilon$ 左右后保持不变。拉应变不再增加的主要原因是梁下缘混凝土受拉开裂后，裂缝逐渐扩展，混凝土保持一定的受拉状态。而个别梁如 2 号梁跨中 1/3 跨拉应变急剧增加的主要原因是粘贴应变片处恰好位于混凝土受拉开裂处裂缝扩展所致。

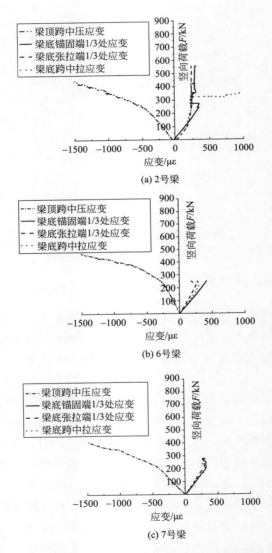

(a) 2号梁

(b) 6号梁

(c) 7号梁

图 5.4 梁跨中截面及 1/3 跨截面混凝土应变随荷载的变化

5.3.4　加载过程中预应力钢筋受力性能

第一组 3 根缓黏结预应力混凝土梁承载力试验时梁端部预应力筋应力变化情况如图 5.5 所示，图中横坐标为施加在梁上的竖向荷载，纵坐标为梁端缓黏结预应力筋的应力变化。

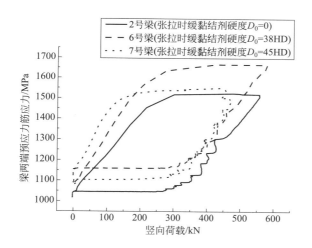

图 5.5　第一组 3 根缓黏结预应力
混凝土梁端部预应力筋应力变化

梁内预应力筋受力可分为以下 4 个阶段：①试验前期，试件梁端预应力钢筋应力基本不增长，试件梁处于弹性工作状态；②梁的受拉区混凝土开裂后，预应力钢筋端部应力随着竖向荷载的增加而缓慢增长；③当预应力筋应力增加到超过与缓黏结剂之间的黏结强度时，预应力钢筋与混凝土之间产生相对滑动，使得缓黏结预应力混凝土梁表现出无黏结预应力混凝土的受力特点，即通过梁两端的锚固传递预应力筋的应力，该阶段缓黏结预应力钢筋端部应力随着竖向荷载的增加快速增长；④达到最大竖向荷载后，虽然梁的承载力迅速下降，但预应力筋由于缓黏结剂的黏滞作用，预应力钢筋端部应力下降缓慢，甚至 2 号、6 号和 7 号梁出现了承载力下降，两端预应力钢筋应力仍然停留在较高的应力状态之后，随着卸载应力迅速下降。结果表明，2 号、6 号、7 号梁开裂荷载及梁端部预应力筋应力开始增长的荷载均比较接近。各梁在承载力试验过程中梁端部预应力筋的最大应力增长分别为 491MPa、497.5MPa、442.5MPa，应力增长均较大，与无黏结预应力混凝土状态接近。

5.3.5 裂缝开展情况分析

缓黏结预应力混凝土梁在竖向荷载的作用下下缘混凝土将受拉，当所受主拉应力超过混凝土抗拉强度时会引起混凝土的开裂，裂缝沿主拉应力的方向增宽，裂缝的扩展方向通常与所受主拉应力的方向正交。张拉时缓黏结剂固化程度不同的 2 号、6 号和 7 号 3 根缓黏结预应力混凝土梁在缓黏结剂硬化到 61HD 时进行承载力试验过程中，3 根梁的裂缝开裂位置、最大裂缝宽度、纯弯段主裂缝数量，裂缝长度及主裂缝之间的间距表现出不同的形式。表 5.3～表 5.5 表示了第一组 3 根梁随着竖向荷载的增加裂缝的开展情况。

由表 5.3 可知，在加载初期，2 号缓黏结预应力梁基本上处在弹性阶段，梁的表面并没有出现裂缝，当竖向荷载加载到 227kN 时混凝土开裂，荷载-挠度曲线上出现拐点，但此时在梁上未观察到可视的裂缝。当竖向加载到 250kN 时，在梁的纯弯段部位梁下缘附近出现了 3 条分别宽为 0.09mm、0.06mm 和 0.07mm 的裂缝。当加载到 300kN 时，裂缝宽度和裂缝开展速度均加快，出现了 5 条裂缝，其中有 4 条裂缝宽度超过 0.2mm。之后随着竖向荷载的增加，第 3 条裂缝和第 4 条裂缝发展成主裂缝。在竖向荷载达到 425kN 时第 3 条裂缝和第 4 条裂缝的宽度分别达到 1.12mm、1.01mm。荷载达到 557kN 时，梁破坏。2 号梁的裂缝平均间距为 248mm。

表 5.3　第一组 2 号梁裂缝开展状况

荷载/kN	2 号梁主裂缝宽度/mm				
	编号 1	编号 2	编号 3	编号 4	编号 5
227	开裂				
250	0.09	0.05	0.06	—	—
275	0.09	0.07	0.11	0.19	0.10
300	0.20	0.17	0.23	0.31	0.14
325	0.19	0.16	0.19	0.25	0.16
350	0.20	0.17	0.40	0.16	0.25
375	0.25	0.23	0.53	0.53	0.36
400	0.38	0.47	0.92	0.57	0.47
425	0.56	0.61	1.08	1.01	0.88
557	破坏				
主裂缝平均间距为 248mm					

　　由表 5.4 可知，在加载初期，6 号缓黏结预应力梁基本上处在弹性阶段，梁的侧面没有出现裂缝，当竖向荷载加载到 221kN 时，混凝土开裂，荷载-挠度曲线上出现拐点，但此时在梁上未观察到可视的裂缝。当竖向荷载加载到 257kN 时，在梁的下缘出现了 2 条宽度分别为 0.05mm、0.03mm 的裂缝。当加载到 275kN 时，裂缝开展速度加快，出现了 4 条裂缝。当加载到 300kN 时有 3 条裂缝的宽度超过 0.2mm。之后随着竖向荷载的增加，第 1 条裂缝和第 4 条裂缝发展成主裂缝。在竖向荷载达到 425kN 时两条主裂缝的宽度分别为 1.00mm、1.10mm。荷载达到 579kN 时，梁被破坏，梁的裂缝平均间距为 255mm。

表 5.4 第一组 6 号梁裂缝开展状况

荷载/kN	6 号梁主裂缝宽度/mm				
	编号 1	编号 2	编号 3	编号 4	编号 5
221	开裂				
257	0.05	0.03	—	—	—
275	0.12	0.08	0.17	0.13	—
300	0.20	0.22	0.27	0.19	—
325	0.27	0.25	0.39	0.31	0.22
350	0.39	0.27	0.35	0.36	0.35
375	0.43	0.31	0.49	0.40	0.29
400	0.70	0.52	0.50	0.55	0.38
425	1.00	0.91	0.93	1.10	0.64
579	破坏				
主裂缝平均间距为 255mm					

由表 5.5 可知，在加载初期，7 号缓黏结预应力梁基本上处在弹性阶段，梁的侧面没有出现裂缝，当竖向荷载加载到 225kN 时，混凝土开裂，荷载-挠度曲线上出现拐点，但此时未观察到可视的裂缝。当竖向荷载加载到 250kN 时，在梁的下缘出现了 5 条裂缝，其裂缝宽度分别为 0.05mm、0.08mm、0.12mm、0.06mm 和 0.07mm。当加载到 270kN 时，裂缝开展速度加快，第 3 条裂缝的宽度超过 0.2mm。之后随着竖向荷载的增加，发展成主裂缝。当竖向荷载达到 425kN 时第 3 条主裂缝的宽度达到了 1.20mm。荷载达到 470kN 时，梁被破坏，梁的裂缝平均间距为 250mm。

表 5.5 第一组 7 号梁裂缝开展状况

荷载/kN	7 号梁主裂缝宽度/mm				
	编号 1	编号 2	编号 3	编号 4	编号 5
225	开裂				
250	0.05	0.08	0.12	0.06	0.07
270	0.15	0.17	0.21	0.11	0.11
295	0.25	0.20	0.28	0.31	0.31
318	0.29	0.30	0.34	0.30	0.30
347	0.39	0.31	0.38	0.73	0.73
372	0.57	0.37	0.87	0.75	0.75
398	0.71	0.57	0.77	0.80	0.80
425	0.91	0.93	1.20	0.96	1.01
470	破坏				
主裂缝平均间距 250mm					

试验结束后第一组试件梁裂缝情况如图 5.6 所示。

(a) 2号梁

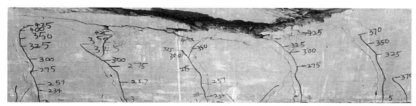

(b) 6号梁

图 5.6

(c) 7号梁

图 5.6　第一组试件梁裂缝示意图

通过第一组 3 根梁裂缝开展情况对比分析可知，3 根试件梁的开裂荷载、裂缝宽度、平均裂缝间距、裂缝数量均较为接近，且裂缝数量少而宽度大，表现出无黏结预应力混凝土梁的破坏特征。张拉时缓黏结剂的固化程度越高，裂缝开展的速度越快，形成主裂缝的数量少而且宽，梁的承载力明显低于其他两根预应力混凝土梁。

5.4　第二组试验结果分析

5.4.1　第二组试件梁荷载-挠度曲线

张拉时缓黏结剂邵氏硬度分别为 0、61HD 和 78HD 的 3 号、8 号和 9 号 3 根缓黏结预应力混凝土梁，在缓黏结剂固化程度达到 81D 邵氏硬度时进行的承载力试验，其试验得到了竖向荷载-跨中竖向变形（挠度）关系曲线如图 5.7 所示。

预应力梁荷载-挠度曲线大致可分为以下几个阶段：①预应力梁开裂前，荷载-挠度曲线呈线性变化，梁的刚度不变；②当荷载达到开裂荷载后，受拉区混凝土开裂并逐渐退出工作，预应力钢绞线和梁下缘主筋承担拉力，此时梁的刚度开始下降，随着竖向荷载的增大，梁的刚度下降加快，梁跨中挠度也快速增加；③在纯弯段压区混凝土被压碎瞬间，梁达到了最大承载力；④从最大承载力到卸载初期，梁的挠度出现了不同程度的增加，之后随着荷载的减小，挠度变小，但荷载为零时，各梁均残留下不可恢复的变形。

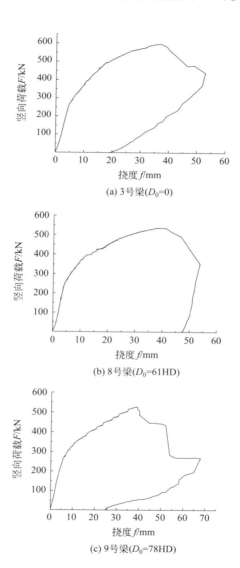

(a) 3号梁(D_0=0)

(b) 8号梁(D_0=61HD)

(c) 9号梁(D_0=78HD)

图 5.7　第二组 3 根缓黏结预应力混凝土试件梁荷载-挠度曲线

3 号梁的开裂荷载为 240kN，极限承载力为 596kN；试验过程中，最大挠度为 53.6mm，卸载后的残余挠度为 19.3mm［见图 5.7（a）］，8 号梁的开裂荷载为 230kN，极限承载力为 536kN；试验过程中，8 号梁的最大挠度为 53.2mm，卸载后的残余挠度为 47.4mm［见图 5.7（b）］。9 号梁的开裂荷载为 225kN，极限承载力为 526kN；试验过程中，9 号梁的最大挠度为 67.1mm，卸载后的残余挠度为 24.7mm［见 5.7（c）］。

第二组 3 根缓黏结预应力混凝土梁荷载-挠度曲线对比如图 5.8 所示，开裂荷载、极限荷载的试验值、理论计算值及残余变形结果汇总于表 5.6 中。

从图 5.8 和表 5.6 可知：

① 3 号、8 号、9 号试件梁开裂荷载随张拉时缓黏结剂固化程度升高而下降但相差不大；

② 3 号、8 号、9 号试件梁极限荷载逐渐降低，且降幅较大，说明张拉时缓黏结剂固化程度越高，梁极限荷载越低；

③ 3 号、8 号、9 号试件梁试验时的最大挠度和残余挠度均逐渐增加，说明张拉时缓黏结剂固化程度低的试件梁残余挠度较小，达到极限荷载时的破坏程度较轻。

表 5.6 第二组预应力混凝土梁开裂荷载、最大承载力及残余变形结果汇总

试件		D_0 /HD	D_1 /HD	开裂荷载/kN		极限荷载/kN		最大残余变形/mm
组别	编号			理论值	实测值	理论值	实测值	
第二组	3	0	81	229	240	481	596	19.3
	8	61	81	231	230	481	536	47.4
	9	78	81	219	225	481	526	24.7

注：D_0 为张拉时缓黏结剂固化度，D_1 为抗弯试验时缓黏结剂固化度。

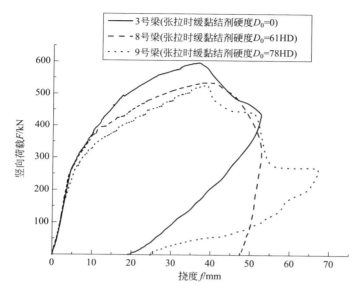

图 5.8　第二组试件梁荷载-挠度曲线对比结果

　　同时也发现，张拉时缓黏结剂固化程度较低的缓黏结预应力混凝土 3 号梁开裂荷载、极限荷载较高，试件梁的残余挠度较小。其主要原因在于，张拉预应力筋时缓黏结剂处于未固化，预应力筋的预应力受到的摩擦损失小，同时随着固化时间的增长，缓黏结剂逐渐固化，缓黏结预应力钢筋与混凝土之间的黏结性能逐步增强，混凝土与缓黏结预应力钢筋慢慢形成良好的共同工作状态，试件梁接近有黏结预应力混凝土结构，延性增强。反之，张拉时缓黏结剂固化程度较高的 8 号、9 号梁，原本在预应力筋、缓黏结剂、PE 套管及混凝土之间形成了较强的黏结作用，张拉缓黏结预应力筋时对缓黏结剂造成了扰动，建立起来的有效预应力低，同时钢绞线、缓黏结剂、混凝土三者之间的黏结作用也降低，因此试件梁开裂荷载、极限荷载均降低，试件梁的残余挠度较大，试件梁的延性降低。根据《公路钢筋混凝土及预应力混凝土桥涵设计规范》（JTG D62—2004），按照有黏结预应力的计算公式得出试件梁的开裂荷载和最大荷载理论值与实测值作比较。结果表明张拉时缓黏结剂处于张拉适用期的 3 号试件梁的开裂荷载实测值与理论值相当，超过张拉适用期张拉的 8 号、9 号试件梁开裂荷载小于理论值。

5.4.2 混凝土应变沿梁高分布

试验过程中，竖向荷载增加至各梁混凝土开裂前，梁跨中截面混凝土应变沿梁高分布如图 5.9 所示。图中横坐标为跨中各测点应变片到梁底的距离，纵坐标为应变片测得的应变，＋为拉应变，－为压应变。由图 5.9 可知，各梁混凝土应变分布规律大体一致，距离混凝土梁中性轴越远产生的应变越大；各测点的应变随着荷载的增加而增加；在梁底混凝土开裂前，测得截面各处的应变基本符合平截面假定。

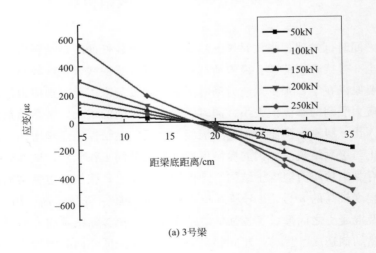

(a) 3号梁

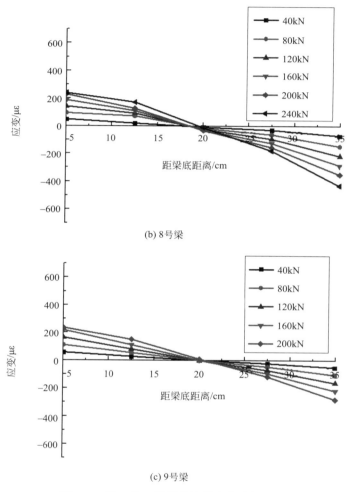

(b) 8号梁

(c) 9号梁

图 5.9　第二组 3 根缓黏结预应力混凝土梁
跨中截面混凝土应变沿梁高分布

5.4.3　混凝土应变分析

加载过程中，各缓黏结预应力混凝土梁跨中上、下缘混凝土应力及 1/3 跨下缘混凝土应变变化如图 5.10 所示，其中横轴表示混凝土应变，纵轴表示在梁上施加的竖向荷载，拉应变为正，压应变为负。

由图 5.10 可知，试件梁在加载过程中，施加的荷载小于开裂荷载时，各处截面测得的混凝土应变无论是压应变还是拉应变都随着荷载的增加而增加，并且 3 号梁表现出较好的线性关系。施加的荷载超过开裂荷载之后，各梁跨中上缘混凝土压应变快速增加，直至混凝土被压碎，而各梁跨中及 1/3 跨下缘混凝土除了个别的拉应变随着荷载急剧增加外，其拉应变达到峰值后，下降到 $300\mu\varepsilon$ 左右后保持不变。拉应变不再增加的主要原因是梁下缘混凝土受拉开裂后，裂缝逐渐扩展，混凝土保持一定的受拉状态所致。个别混凝土拉应变急剧增加的主要原因是张贴的应变片恰好位于混凝土受拉开裂处（如 3 号梁受拉应变的测试结果）而裂缝逐渐扩展所致。

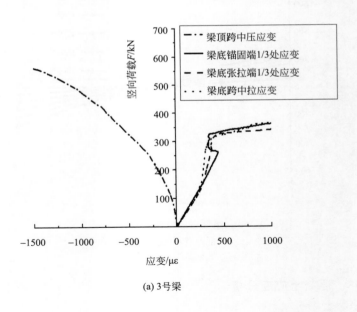

(a) 3 号梁

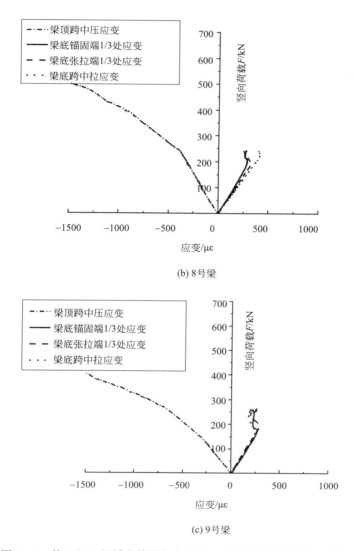

(b) 8号梁

(c) 9号梁

图 5.10　第二组 3 根缓黏结预应力混凝土梁应变随竖向荷载的变化

5.4.4 加载过程中预应力筋受力性能

试验时 3 根缓黏结预应力混凝土梁两端预应力筋应力变化情况如图 5.11 所示。图中横坐标为施加在梁上的竖向荷载，纵坐标为梁端缓黏结预应力筋的应力。

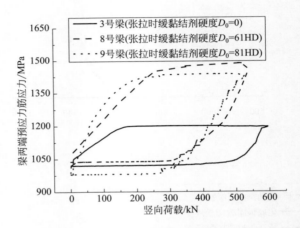

图 5.11　第二组 3 根试件梁缓黏结预应力钢筋两端应力变化

3 根缓黏结预应力混凝土试件梁在不同时期张拉锚固后，在同一固化期进行承载力试验。试验时缓黏结剂已经达到一定程度的固化，缓黏结预应力钢筋、缓黏结剂和混凝土之间已经形成一定的黏结力，梁跨中预应力筋受到的拉力不会完全传递到梁两端，梁两端预应力筋应力越小说明缓黏结预应力钢筋、缓黏结剂和混凝土之间结合越牢固，三者之间的传力机制更可靠，承载阶段的受力更加接近有黏结预应力结构。

由图 5.11 可知，第二组 3 根试验梁两端缓黏结预应力筋受力变化，大体可分为以下 4 个阶段：①试验前期试件梁端预应力钢筋应力基本不增长，表明此时缓黏结预应力钢筋与缓黏结剂具有良好的黏结状态，跨中预应力钢筋的应力增加，通过缓黏结剂传递到混凝土中；②试验中期钢绞线应力开始增长，此时试件梁已开裂，试件梁处于带裂缝工作状态，并且缓黏结剂与预应力筋之间的黏结性能遭到破坏，跨中预应力筋的应力增长传到梁两端的预应力筋上；③试验梁达到最大承载力后，在卸载初期，梁两端预应力筋的应力保持不变；④竖向荷载卸载到开裂荷载附近后，梁两端预应力筋上的应力随着竖向荷载的降低而下降。

同时我们也发现张拉时缓黏结剂邵氏硬度 $D_0 = 0$ 的 3 号梁在加载初期预应力钢筋端部应力基本不增长，当荷载达到试件梁开裂荷载 240kN 时，预应力筋应力仍然增长缓慢，继续加大荷载至480kN 时，预应力筋应力开始快速增长，裂缝进入快速开展阶段，继续加大荷载至试件梁达到极限承载力时曲线再次出现拐点，在达到最大承载力 596kN 的过程中预应力筋的应力增长很小，只有 167.5MPa，随后进入卸载阶段，在卸载到 160kN 之前钢绞线应力几乎不变化，这是因为缓黏结剂形成了较好的黏结力，随着荷载降低到 0，钢绞线应力开始快速回落。与 3 号梁相似，8 号梁在竖向荷载达到 300kN 时，预应力筋应力开始快速增长，在达到最大承载力 536kN 过程中，预应力筋最大应力增量为 350MPa，卸载至250kN 附近时预应力筋应力开始快速下降。9 号梁在荷载达到270kN 附近时，预应力筋应力开始快速增长，在达到最大承载力526kN 过程中，预应力筋最大应力增量为 457.5MPa，卸载至220kN 附近时预应力筋应力开始快速下降。通过三者的数据对比可知张拉时缓黏结剂的固化程度较低的试件梁，钢筋、缓黏结剂、混凝土三者的结合程度较好，具有更好的传力机制，加载中钢绞线的最大应力增量较小；其开裂荷载和极限承载力较大，梁的力学性能较好。

5.4.5　裂缝开展情况分析

梁在竖向荷载的作用下下缘混凝土将受拉，当拉应力超过混凝土抗拉强度时会引起混凝土的开裂。开裂后随着竖向荷载的增加，梁的裂缝开展情况更能直观反映梁的受力过程的变化。张拉时缓黏结剂固化程度不同的 3 号、8 号和 9 号 3 根缓黏结预应力混凝土梁在缓黏结剂硬化达到 81HD 时进行承载力试验。表 5.7～表 5.9 表示了这 3 根缓黏结预应力混凝土梁随着竖向荷载的增加裂缝的开展情况。

由表 5.7 可知，在加载初期，3 号缓黏结预应力梁基本上处在弹性阶段，梁的表面并没有出现裂缝，当竖向荷载加载到 240kN 时混凝土开裂，荷载-挠度曲线上出现拐点，但此时在梁上未观察到可视的裂缝。当竖向加载到 265kN 时，在 3 号梁的纯弯段部位下缘混凝土出现了 5 条裂缝宽度分别为 0.08mm、0.06mm、0.09mm、0.09mm 和 0.07mm 的裂缝。之后随着竖向荷载的增加，裂缝均匀开展，当加载到 365kN 时，只有 1 条裂缝宽度超过 0.2mm。在竖向荷载达到 415kN 时，除第 3 条裂缝外，其他裂缝的裂缝宽度均超过 0.02mm，裂缝宽度较小。荷载达到 597kN 时，梁破坏。3 号梁的裂缝平均间距为 240mm。

表 5.7　第二组 3 号梁裂缝开展状况

荷载 /kN	3 号梁纯弯段主裂缝宽度/mm				
	编号 1	编号 2	编号 3	编号 4	编号 5
240	开裂				
265	0.08	0.06	0.09	0.09	0.07
290	0.13	0.08	0.09	0.10	0.10
315	0.18	0.11	0.10	0.13	0.15
340	0.17	0.14	0.10	0.17	0.17
365	0.17	0.16	0.11	0.23	0.17
390	0.13	0.17	0.08	0.21	0.18

荷载 /kN	3 号梁纯弯段主裂缝宽度/mm				
	编号 1	编号 2	编号 3	编号 4	编号 5
415	0.22	0.21	0.15	0.35	0.28
597	破坏				
主裂缝平均间距为 240mm					

　　由表 5.8 可知，在加载初期，8 号缓黏结预应力梁基本上处在弹性阶段，梁的表面并没有出现裂缝，当竖向荷载加载到 230kN 时混凝土开裂，荷载-挠度曲线上出现拐点，但此时在梁上未观察到可视的裂缝。当竖向加载到 265kN 时，在 8 号梁纯弯段下缘混凝土出现了 4 条裂缝，其宽度分别为 0.12mm、0.06mm、0.12mm 和 0.06mm 裂缝。之后随着竖向荷载的增加，裂缝快速开展，当加载到 290kN 时，第 1 条裂缝宽度超过 0.2mm。在竖向荷载达到 415kN 时除第 2 条裂缝外，其他裂缝的裂缝宽度均快速发展，分别为 0.8mm、0.70mm 和 0.58mm。荷载达到 536kN 时，梁破坏。8 号梁的裂缝平均间距为 246mm。

表 5.8　第二组 8 号梁裂缝开展状况

荷载 /kN	8 号梁纯弯段主裂缝宽度/mm			
	编号 1	编号 2	编号 3	编号 4
230	开裂			
265	0.12	0.06	0.12	0.06
290	0.20	0.07	0.17	0.11
315	0.25	0.04	0.18	0.15
340	0.25	0.05	0.11	0.17

荷载 /kN	8 号梁纯弯段主裂缝宽度/mm			
	编号 1	编号 2	编号 3	编号 4
365	0.29	0.04	0.20	0.21
390	0.44	0.04	0.52	0.18
415	0.80	0.05	0.70	0.58
536	破坏			
主裂缝平均间距为 246mm				

由表 5.9 可知，在加载初期，9 号缓黏结预应力梁基本上处在弹性阶段，梁的表面并没有出现裂缝，当竖向荷载加载到 225kN 时混凝土开裂，荷载-挠度曲线上出现拐点，但此时在梁上未观察到可视的裂缝。当竖向加载到 265kN 时，在 9 号梁下缘混凝土出现了 4 条裂缝，其宽度分别为 0.14mm、0.11mm、0.12mm 和 0.17mm 的裂缝。之后随着竖向荷载的增加，裂缝快速开展，当加载到 315kN 时，第 3 条裂缝和第 4 条裂缝宽度超过 0.2mm。在竖向荷载达到 415kN 时，裂缝宽度均快速发展，宽度分别为 0.93mm、0.53mm、0.75mm 和 1.07mm。荷载达到 527kN 时，梁破坏。9 号梁的裂缝平均间距为 250mm。

表 5.9　第二组 9 号梁裂缝开展状况

荷载 /kN	9 号梁纯弯段主裂缝宽度/mm			
	编号 1	编号 2	编号 3	编号 4
225	开裂			
265	0.14	0.11	0.12	0.17
290	0.17	0.15	0.13	0.23

续表

荷载 /kN	9 号梁纯弯段主裂缝宽度/mm			
	编号 1	编号 2	编号 3	编号 4
315	0.18	0.19	0.25	0.25
340	0.20	0.16	0.40	0.35
365	0.53	0.28	0.57	1.01
390	0.71	0.41	0.61	1.04
415	0.93	0.53	0.75	1.07
527	破坏			
主裂缝平均间距为 250mm				

通过上述分析可知，张拉时缓黏结剂固化度低的试验梁，随着竖向荷载的增长裂缝宽度增加缓慢，且裂缝条数较多，裂缝间距较小，表现出有黏结预应力混凝土结构的破坏特点。张拉时缓黏结剂固化度高的试验梁，随着竖向荷载的增长裂缝宽度增加加快，且裂缝条数少、裂缝间距大，呈现出无黏结预应力混凝土结构的破坏特点。

试验结束后第二组试件梁裂缝情况如图 5.12 所示。

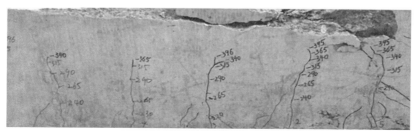

(a) 3号梁

图 5.12

(b) 8号梁

(c) 9号梁

图 5.12　第二组 3 根缓黏结预应力混凝土梁裂缝示意图

5.5　第三组试验结果分析

5.5.1　第三组试件梁荷载-挠度曲线

张拉时缓黏结剂邵氏硬度分别为 0、81HD 的 4 号、10 号两根缓黏结预应力混凝土梁，在缓黏结剂固化程度达到 93HD 邵氏硬度时进行的承载力试验，其试验得到了竖向荷载-跨中竖向变形（挠度）关系曲线如图 5.13 所示。横坐标为梁跨中挠度，单位为 mm，纵坐标为施加的竖向荷载，单位为 kN。

由图 5.13 可知，第三组试验的预应力梁荷载-挠度曲线大致可分为以下几个阶段：①预应力梁开裂前，荷载-挠度曲线呈线性变化，梁的刚度不变；②当荷载达到开裂荷载后，受拉区混凝土开裂逐渐退出工作，预应力钢绞线和梁下缘主筋承担拉力，此时梁的刚度开始下降，随着竖向荷载的增大，梁的刚度下降加快，梁跨中挠度也快速增加；③在纯弯段压区混凝土被压碎瞬间，梁达到了最大承载力；④从最大承载力到卸载初期，梁的挠度出现了不同程度的增加，之后随着荷载的减小，挠度变小，但荷载为零时，各梁均残留下不可恢复的变形。

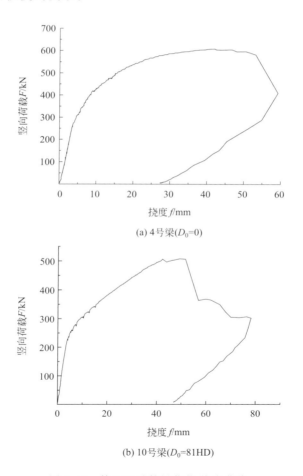

(a) 4 号梁($D_0=0$)

(b) 10 号梁($D_0=81HD$)

图 5.13　第三组试件梁荷载-挠度曲线

缓黏结预应力混凝土 4 号梁的开裂荷载为 250kN，极限承载力为 608kN；试验过程中，最大挠度为 58mm，卸载后的残余挠度为 27.4mm。缓黏结预应力混凝土 10 号梁的开裂荷载为 200kN，极限承载力为 509kN；试验过程中，10 号梁的最大挠度为 78.2mm，卸载后的残余挠度为 46.9mm。

第三组 2 根试件梁荷载-挠度曲线对比如图 5.14 所示，开裂荷载、极限荷载试验值和理论值以及残余变形等试验结果汇总于表 5.10。从图 5.14 和表 5.10 可以看出：

① 4 号试件梁开裂荷载高于 10 号试件梁，且差值较大，张拉时缓黏结剂固化程度越高，缓黏结预应力混凝土梁开裂荷载越低；

② 处于张拉适用期张拉的 4 号试件梁的极限荷载远高于 10 号试件梁，缓黏结预应力混凝土极限荷载随张拉时缓黏结剂固化程度的升高而降低；

③ 处于张拉适用期的 4 号试件梁的最大挠度和残余挠度均小于超过张拉适用期张拉的 10 号试件梁，张拉时缓黏结剂固化程度越低，缓黏结预应力混凝土梁的挠度越小。

表 5.10　第三组预应力混凝土梁开裂荷载、最大承载力及残余变形结果

试件		D_0 /HD	D_1 /HD	开裂荷载/kN		极限荷载/kN		最大残余变形/mm
组别	编号			理论值	实测值	理论值	实测值	
第三组	4	0	93	236	250	481	608	27.4
	10	81	93	224	200	481	509	46.9

注：D_0 为张拉时缓黏结剂硬度，D_1 为抗弯试验时缓黏结剂固化度。

张拉时缓黏结剂固化程度较低的缓黏结预应力混凝土 4 号梁开裂荷载、极限荷载较高，试件梁的残余挠度较小，主要原因在于随着固化时间的增长，缓黏结剂逐渐固化，缓黏结预应力钢筋与混凝土之间的黏结性能逐步增强，混凝土与缓黏结预应力筋慢慢形成良好的共同工作状态。反之，张拉时缓黏结剂固化程度较高的 10 号

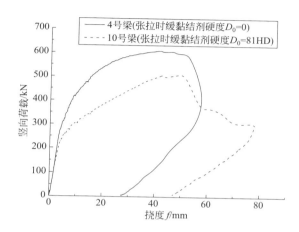

图 5.14　第三组 2 根试件梁荷载-挠度对比曲线

梁，张拉对缓黏结剂造成了扰动，钢绞线、缓黏结剂、混凝土三者之间的黏结作用受到破坏，因此试件梁开裂荷载、极限荷载均降低，试件梁的残余挠度较大，试件梁的延性降低。同时，从试验数据可以看出缓黏结预应力混凝土梁的开裂荷载、极限承载力随着张拉时缓黏结固化度的增加而下降，4 号梁的实测开裂荷载大于理论结果而 10 号梁的开裂荷载小于理论值，而两根梁极限荷载实测值均高于理论计算值，其中 4 号梁的极限荷载均高于理论计算值 26.4%，由此可见传统预应力混凝土最大承载力计算偏于保守。

5.5.2　混凝土应变沿梁高分布

试验过程中，荷载增加到各梁混凝土开裂前，梁跨中截面混凝土应变沿梁高分布如图 5.15 所示。图中横坐标为跨中各测点应变片到梁底的距离，纵坐标为应变片测得的应变，＋为拉应变，－为压应变。

由图 5.15 可知，各梁混凝土应变分布规律大体一致，距离混凝土梁中性轴越远产生的应变越大；各测点的应变也随着荷载的增加而增加；在梁底混凝土开裂前，测得截面各处的应变基本符合平截面假定。

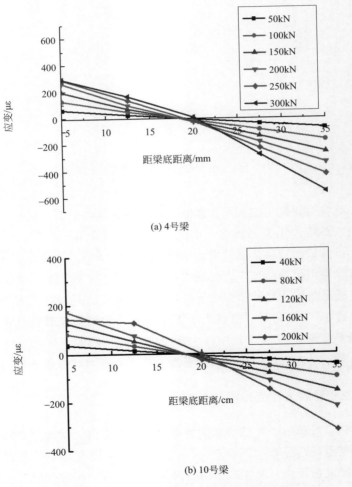

图 5.15　第三组 2 根梁跨中截面混凝土应变沿梁高分布

5.5.3 各梁关键截面上下缘混凝土应变分析

加载过程中，各缓黏结预应力混凝土梁跨中上、下缘混凝土应力及 1/3 跨下缘混凝土应变变化如图 5.16 所示，其中横轴表示混凝土应变，纵轴表示在梁上施加的竖向荷载，拉应变为正，压应变为负。

由图 5.16 可知，试件梁在加载过程中，施加的荷载小于开裂荷载时，各处截面测得的混凝土应变无论是压应变还是拉应变随着荷载的增加，应变变大，并且 4 号梁表现出较好的线性关系；施加的荷载超过开裂荷载之后，各梁跨中上缘混凝土压应变快速增加，直至混凝土被压碎，而各梁跨中及 1/3 跨下缘混凝土除了个别的拉应变随着荷载急剧增加外，其拉应变达到峰值后，下降到 $300\mu\varepsilon$ 左右后保持不变。拉应变不再增加的主要原因是梁下缘混凝土受拉开裂后，裂缝逐渐扩展，混凝土保持一定的受拉状态所致。个别混凝土拉应变急剧增加的主要原因是张贴的应变片恰好位于混凝土受拉开裂处（如 10 号梁受拉应变的测试结果）而裂缝逐渐扩展所致。

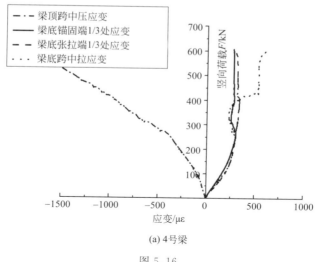

(a) 4号梁

图 5.16

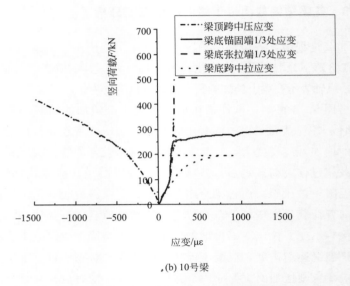

(b) 10号梁

图 5.16　第三组 2 根试件梁应变随荷载的变化

5.5.4　各梁梁顶跨中混凝土压应变对比

第三组 2 根缓黏结预应力混凝土梁跨中上缘混凝土压应变对比如图 5.17 所示。

由图 5.17 可知，在第三组试验中同一荷载等级下 4 号试验梁跨中上缘混凝土压应变均小于 10 号试验梁的测试结果。张拉时缓黏结剂固化程度低的试件梁跨中的混凝土压应变较小，梁的刚度较大。其主要原因在于张拉时缓黏结剂固化程度越低，裂缝开展越慢，受压混凝土高度减小越慢。

5.5.5　加载过程中预应力钢筋受力性能

试验时 2 根缓黏结预应力混凝土梁两端预应力筋应力变化情况

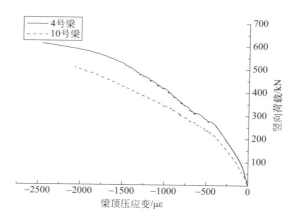

图 5.17　第三组试件梁荷载-应变对比曲线

如图 5.18 所示。图中横坐标为施加在梁上的竖向荷载，纵坐标为梁端缓黏结预应力筋的应力。

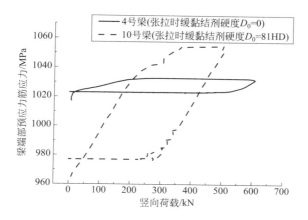

图 5.18　第三组试件梁缓黏结预应力钢筋两端应力变化

由图 5.18 可知，4 号试件梁在 550kN 之前梁端预应力筋应力基本不增长，在竖向荷载达到 550kN 以后，梁端预应力筋的应力才开始缓慢增长。竖向荷载达到最大值开始卸载时，当卸载到190kN 之前，梁端预应力筋的应力基本保持不变，之后随着卸载，应力逐渐变小。但在整个加载和卸载的过程中，梁端缓黏结预应力筋的应力变化只有 20～30MPa，变化非常小，表明预应力筋、缓黏结剂和混凝土三者之间具有良好的黏结性能，预应力筋所受的拉力能很好地通过缓黏结剂传递给混凝土，结构的承载能力增强。

10 号试件梁在 250kN 左右梁端预应力筋的应力开始增长，表明预应力筋与缓黏结剂之间的黏结遭到破坏，随着竖向荷载的增加，跨中预应力筋的应力传到梁端的预应力筋上。当竖向荷载超过300kN 时，梁端预应力筋的应力增长速度较快，直至结构达到最大承载力。竖向荷载达到最大值卸载到 320kN 之前，梁两端预应力筋的应力基本保持不变，之后随着卸载，应力逐渐变小。在整个加载和卸载的过程中，梁端缓黏结预应力筋的应力变化在 120～130MPa 左右，表明该试验梁缓黏结预应力筋与混凝土黏结性能遭受破坏，梁的承载能力变弱。

5.5.6 裂缝开展情况分析

张拉时缓黏结剂固化程度不同的 4 号、10 号 2 根缓黏结预应力混凝土梁在缓黏结剂硬化达到 93HD 时进行承载力试验。表5.11 和表 5.12 表示了这 2 根缓黏结预应力混凝土梁随着竖向荷载的增加裂缝开展情况。

由表 5.11 可知，在加载初期，4 号缓黏结预应力梁基本上处在弹性阶段，梁的表面并没有出现裂缝，当竖向加载到 250kN 时混凝土开裂，荷载-挠度曲线上出现拐点，在梁上未观察到可视的裂缝。当竖向加载到 275kN 时，在梁的纯弯段部位下缘混凝土出现了 4 条裂缝宽度为 0.11mm、0.06mm、0.05mm 和 0.04mm 裂

缝。之后随着竖向荷载的增加，裂缝均匀开展，当加载到 300kN
时，出现 6 条裂缝，并且只有 1 条裂缝宽度达到 0.2mm。在竖向
荷载达到 450kN 时除第 3 条裂缝外，其他裂缝的裂缝宽度超过
0.02mm，裂缝宽度较小。荷载达到 609kN 时，梁破坏。4 号梁的
裂缝平均间距为 158mm。

表 5.11　第三组 4 号梁裂缝开展状况

荷载/kN	4 号梁纯弯段主裂缝宽度/mm					
	编号 1	编号 2	编号 3	编号 4	编号 5	编号 6
250	开裂					
275	0.11	0.06	0.05	0.04	—	—
300	0.20	0.06	0.07	0.05	0.15	0.08
325	0.22	0.09	0.13	0.09	0.16	0.11
350	0.29	0.05	0.11	0.17	0.17	0.15
375	0.32	0.11	0.10	0.19	0.15	0.15
400	0.37	0.18	0.14	0.25	0.19	0.18
425	0.35	0.20	0.18	0.32	0.25	0.23
450	0.40	0.27	0.17	0.27	0.23	0.25
609	破坏					
主裂缝平均间距为 158mm						

　　由表 5.12 可知，在加载初期，10 号缓黏结预应力梁基本上处
在弹性阶段，梁的表面并没有出现裂缝，当竖向加载到 200kN 时
混凝土开裂，荷载-挠度曲线上出现拐点，在梁上未观察到可视的
裂缝。当竖向加载到 220kN 时，在梁的下缘混凝土出现了 4 条裂
缝，其宽度分别为 0.07mm、0.09mm、0.13mm 和 0.15mm 的裂
缝。之后随着竖向荷载的增加，裂缝迅速开展，当加载到 300kN

时，第 1 条裂缝宽度达到 0.22mm。在竖向荷载达到 340kN 时除第 1 条裂缝外，其他裂缝的裂缝宽度超过 0.02mm。荷载达到 508kN 时，梁破坏。10 号梁的裂缝平均间距为 247mm。

表 5.12　第三组 10 号梁裂缝开展状况

荷载/kN	10 号梁纯弯段主裂缝宽度/mm			
	编号 1	编号 2	编号 3	编号 4
200	开裂			
220	0.07	0.09	0.13	0.15
240	0.11	0.13	0.14	0.09
260	0.17	0.15	0.11	0.17
280	0.17	0.12	0.04	0.17
300	0.22	0.15	0.09	0.25
320	0.21	0.21	0.18	0.51
340	0.17	0.44	0.29	0.71
508	破坏			
主裂缝平均间距为 247mm				

试验结束后第三组试件梁裂缝开展情况如图 5.19 所示。

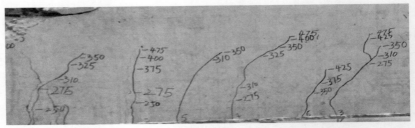

(a) 4 号梁

(b) 10号梁

图 5.19　第三组 2 根缓黏结预应力混凝土梁承载力试验时裂缝开展示意图

5.6　本章小结

　　本章对张拉时机不同、在同一固化条件下的三组 8 根缓黏结预应力混凝土梁进行承载力试验，通过监测梁的开裂荷载、极限荷载、裂缝开展状况、梁两端预应力筋应力变化、梁关键截面上下缘混凝土的应变等力学指标并记录荷载-挠度关系曲线、荷载-应变曲线等分析梁的力学性能，讨论张拉时机对缓黏结预应力混凝土梁力学性能的影响，得到的结论如下。

　　承载力试验时缓黏结剂邵氏硬度为 61HD 时第一组 3 根缓黏结预应力混凝土梁试验得到如下结果：

　　① 承载力试验时缓黏结剂固化程度较低，3 根试件梁开裂荷载、极限荷载和裂缝的开展均较为接近，其力学性能接近无黏结预应力混凝土梁的性能；

　　② 张拉时缓黏结剂固化程度低的试件梁残余变形较小，梁达到极限荷载时的破坏程度较轻。

　　承载力试验时缓黏结剂邵氏硬度为 81HD 时第二组 3 根缓黏结预应力混凝土梁试验得到如下结果：

　　① 缓黏结预应力混凝土梁的开裂荷载、极限荷载随张拉时缓

黏结剂固化程度升高而下降，但开裂荷载相差不大，极限荷载降幅较大；

② 张拉时缓黏结剂固化程度低的试件梁残余挠度较小，达到极限荷载时的破坏较轻；

③ 张拉时缓黏结剂固化程度低的试件梁预应力筋、缓黏结剂、混凝土三者结合程度较好，具有更好的传力机制。

承载力试验时缓黏结剂邵氏硬度为 93HD 时第三组 2 根缓黏结预应力混凝土梁试验得到的结论：

① 张拉时缓黏结剂固化程度低的试件梁开裂荷载和极限荷载具有较大提高，张拉适用期内张拉的 4 号试件梁开裂荷载较 10 号试件梁提升 50kN，极限荷载较 10 号试件梁提升 99kN；

② 张拉时缓黏结剂固化程度低的试件梁预应力筋、缓黏结剂、混凝土三者结合程度较好，具有更好的传力机制，裂缝发展较均匀、裂缝宽度小而密、达到极限荷载时的破坏状态较轻，梁残余变形较小，表现出有黏结预应力混凝土的受力性能和破坏特征。

第6章

固化程度对缓黏结预应力
筋黏结性能的影响

6.1 黏结性能试验概述

常温下，缓黏结剂固化需要 1～2 年的时间才能完成，并且缓黏结剂与预应力筋之间的黏结性能随着固化时间的增加而增强，在前面第 3 章～第 5 章内容，我们知道缓黏结剂的固化，无论是在张拉适用期间，还是在固化期间，对缓黏结预应力混凝土结构建立有效预应力的应力损失、结构的力学性能具有较大的影响。本章将进一步通过预应力筋拔出试验及有限元分析，探究缓黏结剂在固化过程中对预应力筋黏结性能的影响。

本章进行缓黏结预应力筋拔出试验时，对于试验试件采用升温方式，加速缓黏结剂的固化，加速试验进程。为此在进行缓黏结预应力筋试验之前，需要进一步确定升温的温度与完全固化需要的时间，进而确定拔出试验方案。

6.2 缓黏结剂升温加速固化试验

在进行缓黏结剂升温加速固化预试验时，将标准张拉适用期 8 个月、固化期 24 个月的缓黏结剂分三组放在刻有刻度的烧杯中，缓黏结剂的用量为 125mL，然后分别置于环境温度为 120℃、90℃、60℃ 的恒温箱中，进行加速固化。缓黏结剂达到完全固化（即邵氏硬度 $D \geqslant 80HD$）所需要的时间如表 6.1 所示。由表 6.1 可知，缓黏结剂随着温度的升高固化时间大大缩短，温度在 60℃时缓黏结剂固化需要 576h，温度在 90℃时缓黏结剂固化需要 240h，温度在 120℃时缓黏结剂固化只需 100h。缓黏结剂固化过程如图 6.1 所示。

表 6.1　缓黏结剂达到完全固化所需要的时间

温度/℃	60	90	120
完全固化时间/h	576	240	100

(a) 缓黏结剂硬度为0

(b) 缓黏结剂的硬度为64.8HD

图 6.1　缓黏结剂固化程度示意

6.3 缓黏结预应力筋拔出试验与有限元分析

6.3.1 试验方案设计

本试验中，在试块尺寸为 200mm×200mm×600mm 的混凝土试块中布设一根缓黏结预应力筋，预应力筋两端各伸出混凝土试块 100mm，共制作试验试件 30 块，试件尺寸如图 6.2 所示。试验采用的缓黏结预应力筋的公称直径为 15.2mm，在预应力筋表面包裹一层缓黏结剂（环氧树脂），在缓黏结剂外侧用 PE 管包裹。缓黏结剂（环氧树脂）固化后与混凝土形成一体。缓黏结预应力筋构造如图 6.3 所示。

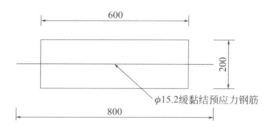

图 6.2 试件尺寸

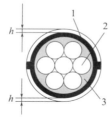

图 6.3 缓黏结预应力筋构造
1—PE 套管；2—预应力钢束；3—缓黏结剂；h—PE 套管的肋高

参考缓黏结剂升温加速固化试验结果，将 30 个试块分成 10 组，每组 3 个试块，放到环境温度为 90℃的恒温箱（图 6.4）中进行缓黏结剂加速固化（图 6.5）。为了考察缓黏结剂固化程度对预应力筋黏结性能的影响规律，将 10 组缓黏结预应力混凝土试验试块分别升温 0h、5h、10h、15h、20h、25h、30h、40h、50h 和 60h。缓黏结预应力混凝土试块加速固化后取出，待试块完全冷却后进行预应力筋的拔出试验。

(a) 恒温加速固化箱

(b) 恒温90℃下升温固化

图 6.4 试验试块恒温加速固化箱

(a) 对试件进行恒温加热(加温30h)

(b) 对试件进行恒温加热(加温40h)

图 6.5　试验试件恒温加热过程照片

　　缓黏结预应力筋的拔出试验采用砝码加载方式，并通过百分表测量预应力筋拔出的长度。试验时，将试块放到试验装置上，在试块预应力筋上端放置百分表、玻璃垫板；在预应力筋下端用砂轮打磨出凹槽固定挂钩，待挂钩稳定后开始进行加载试验，试验装置如图 6.6 所示。加载方式：升温固化时间较短缓黏结剂固化程度不高的试件每级 1kg，升温固化时间较长，缓黏结剂固化程度相对较高的试件每级 4kg，逐级加载。每级加载持荷 1min 后，读取百分表读数，记录预应力筋滑移量，直至滑移量达到百分表最大量程，结束试验。

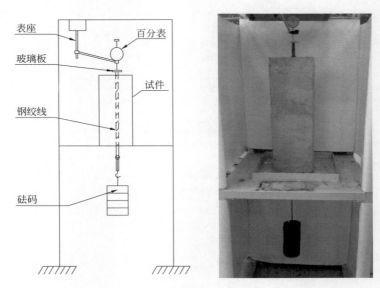

图 6.6　拔出试验装置

在计算缓黏结预应力筋拔出过程中的黏结力时，认为 PE 套管内部的缓黏结剂均匀分布，并且固化程度均匀。因此，根据钢筋与混凝土黏结强度测定规范，选取测定自由端滑移量分别为 0.5mm、1mm、20mm 时所对应的荷载值 F，用 F 除以埋入混凝土中的预应力筋表面积（π×外径×长度），得到黏结强度 τ（MPa）。具体计算公式如下：

$$\tau = F/(\pi d l_a) \tag{6.1}$$

式中　τ——混凝土与筋之间的黏结强度，MPa；

F——自由端滑移值为 0.5mm、1mm、20mm 对应的荷载大小，N；

l_a——预应力筋埋入混凝土中的长度，mm；

d——预应力筋的直径，mm。

6.3.2　有限元模型建立

本书主要研究缓黏结剂在固化过程中的黏结性质，因而对预应力筋用直径为 15mm 的圆形钢筋代替公称直径为 15.2mm 的预应力筋。缓黏结预应力筋拔出试验的有限元模型如图 6.7 所示。实体单元可以有效保证计算精度，所以混凝土、缓黏结剂、预应力钢绞线均采用八节点减缩积分格式的三维实体单元（C3D8R）。为了更准确模拟预应力筋拔出时表面涂有一层厚度缓黏结剂的状态，设置两层厚度相同的缓黏结剂层。在网格划分方面，对预应力筋、缓黏结剂以及混凝土的内部网格进行了详细的划分。通过不断试算网格划分密度，最终确定合适的划分方式，从而保证计算精度和合理的运行时间[63]。

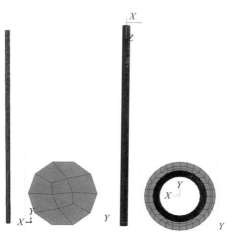

(a) 预应力钢绞线网格划分　(b) 缓黏结剂网格划分

图 6.7

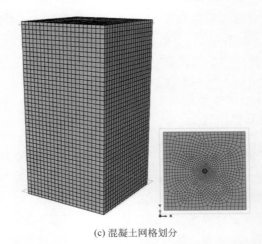

(c) 混凝土网格划分

图 6.7 预应力钢绞线、缓黏结剂和混凝土单元划分

在模型建立时，缓黏结剂外层与混凝土接触面采用软件中的绑定命令（混凝土为主控表面，缓黏结剂为从属表面）；缓黏结剂内层与钢绞线接触面也采用软件中的绑定命令（钢绞线为主控表面，缓黏结剂为从属表面），从而模拟固化后缓黏结预应力筋与粘有缓黏结剂之间、粘有缓黏结剂与 PE 套管、PE 套管与混凝土之间的咬合状态；两层缓黏结剂接触界面，采用相互作用命令（外层缓黏结剂为主控表面，内层为从属表面），设置负的过盈量，允许主从面有接触间隙或接触面分离的行为，并且设置为小滑移降低计算成本。摩擦接触面的接触类型选择库仑摩擦，模拟两层缓黏结剂之间的切向力，使接触面可以传递剪应力，使两者界面应力达到设定的临界值 τ 时才可以发生相对滑动，并且在滑动过程中一直保持相同剪应力，界面最大临界剪切应力的值与界面间的压力成线性关系。图 6.8 为库仑摩擦模型，图 6.9 为相接触界面的临界剪切应力，对于钢材与混凝土切向接触的临界剪应力 τ 可按下面公式进行计算：

$$\tau_{\mathrm{crit}} = \mu \cdot p \geqslant \tau_{\mathrm{bond}} \tag{6.2}$$

式中 μ———界面摩擦系数。

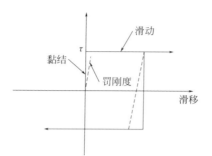

图 6.8 库仑摩擦模型

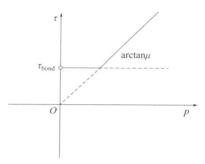

图 6.9 界面临界剪应力

边界条件的设置对模拟试件真实的受力情况至关重要，如果设置不当不仅会造成数据失真，还会造成有限元模拟的破坏形态与试验的不同，所以针对受力情况选择适合的边界条件和加载方式。试验中混凝土试块下端固定，钢筋端部施加拉力。混凝土整体受压，钢筋受拉，缓黏结剂受剪切作用，所以在混凝土底面耦合并完全固定；预应力筋受拉端端面耦合，x 轴、y 轴方向固定，z 轴方向以位移的方式施加拔出力；两层缓黏结剂相接触，在外层缓黏结剂外侧施加预紧力，来模拟拔出时所受的环向压力以及在拔出试验过程中产生的黏结力。有限元模型分析分两个分析步骤：第一个分析步用来设定模型的边界条件和材料间接触关系；第二个分析步用来施加拔出荷载。加载方式为位移加载，最大加载的位移为 20mm。

6.4 试验和有限元分析结果

6.4.1 试验结果

（1）各试验试件试验结果及试验现象

在升温固化拔出试验中，90℃温度下固化时间不同，预应力筋与缓黏结剂之间的黏结力-滑移关系曲线如图 6.10 所示，其中图 (a)～(d)分别表示为升温 0h、20h、40h、60h 四组试验试块曲线。由图 6.10 可以看出，黏结力-滑移曲线在不同固化程度下，表现形式具有相似性，且可以看出缓黏结预应力筋在外荷载作用下随滑移量的增加黏结力呈现增大趋势。在滑移量为 0～1mm 之间，升温 0h 的试验值离散性较大，此时缓黏结剂呈液态；而升温 20h、40h、60h 的试验值呈线性增长。滑移量超过 1mm 之后，表现出黏结力-滑移之间的非线性关系，四组试验均出现不同程度的离散性。图 6.10（c）试验值的离散性较小，图 6.10（b）、（d）试验值的离散性较大，这可能是由于预应力筋内缓黏结剂填充不足、固化程度不均匀等因素所致。

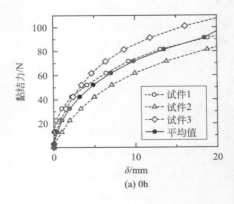

(a) 0h

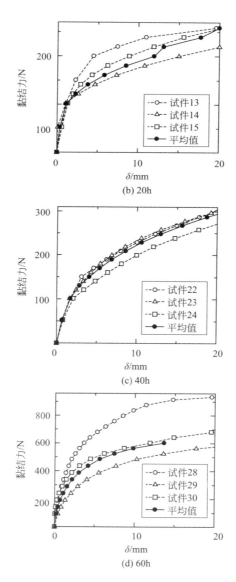

图 6.10　90℃温度下预应力筋与缓黏结剂之间的黏结力-滑移量关系曲线

图 6.11（a）～（c）分别为升温 20h、40h、60h 三组试块在拔出试验过程中预应力筋与缓黏结剂相对滑动时的试验现象。图 6.11（a）缓黏结剂未固结，呈黏稠状状态；图 6.11（b）缓黏结剂开始固结，预应力筋被拔出时缓黏结剂较软，呈粉末状；图 6.11（c）缓黏结剂固结到一定程度，缓黏结剂具有一定硬度，呈粉末状。

(a) 升温20h试块

(b) 升温40h试块

(c) 升温60h试块

图 6.11　预应力筋与缓黏结剂试验现象

（2）缓黏结剂固化程度对预应力筋黏结强度-滑移关系曲线的影响

为了考察升温 90℃ 时固化时间对缓黏结筋黏结性能的影响，取每组试块的平均值，汇总不同固化时间的 10 组试块黏结力-滑移量关系曲线如图 6.12 所示。由图 6.12 可以看出，在升温 90℃ 温度下，随着固化时间的增加，缓黏结剂固化程度提高，加载初期，预应力筋的滑移量增加速度逐渐变小，预应力筋与混凝土之间的黏结力逐渐增大。加载中期，无论缓黏结剂的固化程度如何，预应力筋与混凝土之间的黏结性能均表现出了非线性黏结滑移性能。加载后期，黏结力增长缓慢，预应力筋带着缓黏结剂从 PE 套管中加速滑出。

10 组试块黏结强度结果汇总如表 6.2 所示，试块加温 25h 之前的试件缓黏结剂未开始固化，黏结强度由摩阻力提供。试块加温 30h 后的时间缓黏结剂开始固化，试块升温 60h 达到最大固化硬度 4HD，在滑移量为 20mm 时达到最大黏结强度 0.021MPa。

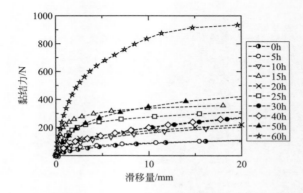

图 6.12 10 组试块平均黏结力与滑移量关系曲线

表 6.2 滑移量为 0.5mm、1mm、20mm 时各组试块的黏结强度

组	试块编号	升温时间/h	邵氏硬度/HD	$\tau_{0.5}$/MPa	$\tau_{0.5}$平均值/MPa	τ_1/MPa	τ_1平均值/MPa	τ_{20}/MPa	τ_{20}平均值/MPa
	1		—	0.000690		0.00085		0.00252	
1	2	0	—	0.000218	0.000458	0.00034	0.00062	0.00224	0.002555
	3		—	0.000465		0.00065		0.00290	
	4		—	0.000942		0.00110		0.00256	
2	5	5	—	0.000918	0.000825	0.00117	0.00105	0.00292	0.00266
	6		—	0.000615		0.00087		0.0025	
	7		—	0.000760		0.00141		0.00387	
3	8	10	—	0.001527	0.00104	0.00203	0.00165	0.00565	0.004984
	9		—	0.000823		0.00150		0.00543	
	10		—	0.004153		0.00453		0.00899	
4	11	15	—	0.002784	0.003748	0.00427	0.00484	0.00779	0.008805
	12		—	0.004306		0.00569		0.00964	

续表

组	试块编号	升温时间/h	邵氏硬度/HD	$\tau_{0.5}$/MPa	$\tau_{0.5}$平均值/MPa	τ_1/MPa	τ_1平均值/MPa	τ_{20}/MPa	τ_{20}平均值/MPa
	13		—	0.001292		0.00241		0.00697	
5	14	20	—	0.001973	0.001482	0.00261	0.00138	0.00586	0.006590
	15			0.00118		0.00211		0.00694	
	16		—	0.001549		0.001791		0.00839	
6	17	25	—	0.001438	0.001363	0.00319	0.00226	0.00839	0.008079
	18		—	0.001102		0.00181		0.00746	
	19			0.001077		0.00178		0.00604	
7	20	30	1	0.001369	0.001054	0.00209	0.00175	0.00810	0.007141
	21			0.000715		0.001385		0.00718	
	22			0.001052		0.00178		0.00815	
8	23	40	2	0.000994	0.000974	0.00178	0.00171	0.00814	0.007895
	24			0.000876		0.00156		0.00739	
	25			0.001571		0.00272		0.01154	
9	26	50	3	0.001746	0.001944	0.00298	0.00309	0.01142	0.01072
	27			0.002514		0.00358		0.00920	
	28			0.00559		0.00832		0.02540	
10	29	60	4	0.002838	0.004845	0.00421	0.00674	0.01950	0.0210
	30			0.006107		0.00769		0.01820	

　　为了探明缓黏结剂黏结强度与固化度的关系，选择有固化度的四组试块，取每组试块黏结强度的平均值，并汇总滑移量为 0.5mm、1mm、20mm 时，黏结强度与固化度的关系曲线如图 6.13 所示。由图 6.13 可知：①缓黏结剂固化后，固化硬度在 3HD 之前，黏结强度在 0～0.01MPa 之间；②固化硬度在 4HD 时

黏结强度增大，滑移量为 20mm 时黏结强度最大超过 0.02MPa。

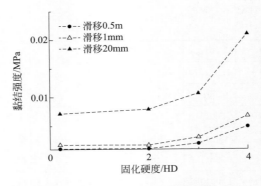

图 6.13　固化硬度-黏结强度关系曲线

6.4.2　有限元分析结果

试验中缓黏结预应力筋拔出试件在 90℃ 温度下加温 0h、5h、10h、15h、20h、25h 的试件缓黏结剂均为未固化，邵氏硬度为 0。此时的缓黏结剂是一种非牛顿流体，具备固、液二相性，在实际变形过程中同时表现出弹性和黏性两种力学特征。用 Hooke's Solid 和 Newton Liquid 线性组合进行弹性行为的描述。图 6.14 为有限元模拟计算结果与试验结果比较，图中实线为模拟结果，虚线为试验结果。有限元模拟出的黏结力-滑移曲线可主要分为以下三个阶段。

① 第一阶段是黏结剂弹性工作阶段　这一阶段缓黏结剂处于理想弹性体状态，黏结力由材料本身弹性形变来提供，黏结力-滑移曲线的特征表现为直线，并且应力云图中混凝土应力分布范围较大，各材料形变为试验提供黏滞力。图 6.14（d）升温 15h 有限元结果与试验结果吻合度较高，有限元结果拐点处黏结力稍高于试验结果。在图 6.14（b）升温 5h 和图 6.14（e）升温 25h 中，第一阶

段前半部分试验与模拟较吻合，后半段出现偏差。在图 6.14（a）升温 0h、图 6.14（c）升温 10h 和图 6.14（f）升温 25h 中，试验所得的黏结力-滑移曲线斜率明显低于模拟值，且拐点处的黏结力和滑移量均低于模拟值。这是由于试验中试件本身存在缺陷，如缓黏结剂填充不均匀、升温固化程度不均匀、试验过程中无法进行有效封堵导致拔出过程中缓黏结剂流淌出来，但在有限元模型中未能考虑试验时的上述缺陷的影响，进而导致试验所得的黏结力-滑移曲线在第一段的斜率低于模拟值，并且第一个拐点的黏结力低于模拟值，滑移量略小于模拟值。

　　② 第二阶段是缓黏结剂进入黏性流动阶段　　这一阶段缓黏结剂应力达到一定值后进入变形流动阶段，黏结力由材料塑性变形来提供，黏结力-滑移曲线表现为非线性变化。应力云图中混凝土的应力分布范围较第一阶段减小，随着拉力的增大，预应力筋、缓黏结剂、混凝土应力逐渐增大。当应力达到极限时，缓黏结剂开始出现变形流动现象。黏结力-滑移曲线呈非线性，曲线斜率逐渐降低。在 6.14 图中，图 6.14（d）升温 15h 试验与模拟曲线的吻合度高；图 6.14（b）升温 5h 和图 6.14（e）升温 25h 的试验与模拟曲线的吻合度较高，试验测得的黏结力稍低于模拟值；图 6.14（a）升温 0h、图 6.14（c）升温 10h 和图 6.14（f）升温 25h 试验所得的黏结力-滑移曲线斜率与模拟所得曲线的斜率基本相同，但相同滑移距离对应的黏结力明显低于模拟值，且第二个拐点不明显。这是由于试验过程中，缓黏结剂未固化，在拔出过程中无法进行有效的封堵，流淌出一定量的缓黏结剂，导致无法避免的误差，致使试验中缓黏结预应力钢筋在这个阶段黏结力过低。有限元模型分析只考虑了本构关系以及各部件之间的接触的力学性质，未考虑试验时环境的具体温度及湿度对材料力学性能的影响。

　　③ 第三阶段是缓黏结剂滑移阶段　　这一阶段缓黏结剂应力达到一定值后进入相对滑动阶段，黏结力由材料间的滑动摩擦来提供，黏结力-滑移曲线表现为线性变化。模拟中当黏结力达到峰值

点后，主要由两层缓黏结剂间的滑动摩擦力来抵抗拔出力。随着滑移量的增加，相接触的面积逐渐减小，可以提供摩擦力的面积减小，曲线斜率降低。

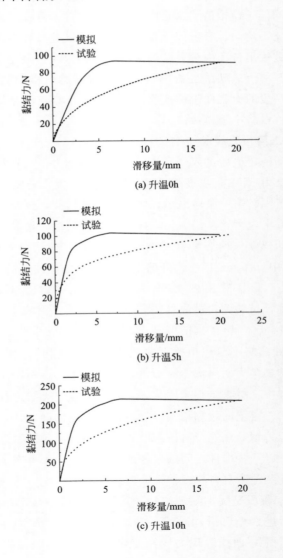

(a) 升温0h

(b) 升温5h

(c) 升温10h

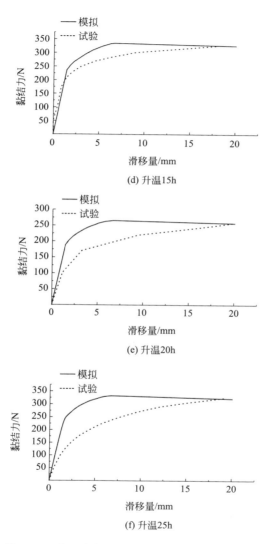

图 6.14　升温后未固化计算结果与试验结果比较

缓黏结剂拔出试验在升温一定时间后，缓黏结剂发生质变，由流动的液体转化成具有一定硬度的固体，其中，升温 30h 后固化度达到 1HD、40h 达到 2HD、50h 达到 3HD、60h 达到 4HD。图 6.15 为有限元模拟计算结果与试验结果比较，图中实线为模拟结果，虚线为试验结果。从图 6.15 中可以看出黏结力-滑移量分为以下三个阶段。

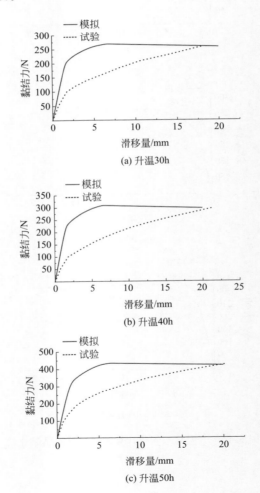

(a) 升温30h

(b) 升温40h

(c) 升温50h

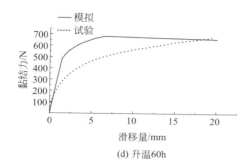

(d) 升温60h

图 6.15　升温后固化计算结果与试验结果比较

① 第一阶段是缓黏结剂弹性工作阶段　这一阶段缓黏结剂处于理想弹性体状态，黏结力由材料本身弹性形变来提供，黏结力-滑移曲线表现为直线，并且应力云图中混凝土应力分布范围较大，各材料形变为试验提供黏滞力。图 6.15 中，模拟所得的黏结力-滑移曲线斜率大于试验结果，只有升温 60h 图像的前半段吻合较好，且拐点处的黏结力和滑移量均低于模拟值。这是由于试验中试件本身存在缺陷，如缓黏结剂填充不均匀、升温固化程度不均匀等诸多因素引起的。有限元模型未考虑试验时环境温度对缓黏结剂的影响，且在考虑缓黏结剂材料特性时参考的是本书参考文献 17 中的数据，这些因素导致试验所得的黏结力-滑移曲线在第一段的斜率低于模拟值，并且第一个拐点的黏结力低于模拟值，滑移量小于模拟值。

② 第二阶段是缓黏结剂进入塑性变形阶段　这一阶段缓黏结剂应力达到一定值后进入变形流动阶段，黏结力由材料塑性变形来提供，黏结力-滑移曲线表现为非线性变化。应力云图中混凝土的应力分布范围较第一阶段减小，随着拉力逐渐增大，预应力筋、缓黏结剂、混凝土应力逐渐增大。当应力达到极限时，缓黏结剂开始出现变形流动现象。黏结力-滑移曲线出现非线性变化，曲线斜率

逐渐降低。

③ 第三阶段是滑移阶段　这一阶段缓黏结剂应力达到一定值后进入相对滑动阶段，拔出后钢绞线上粘有一定量的缓黏结剂。在模拟中黏结力由材料间的滑动摩擦来提供。随着滑移的增加，相接触的面积逐渐减小，可以提供摩擦力的面积减小，曲线斜率降低。

随着固化度的提高，缓黏结预应力筋的抗拔力在不断地提高，说明缓黏结剂固化程度越大，预应力钢筋的黏结力越大。图 6.16为不同固化度下的黏结力-滑移量曲线，表 6.3 为统计结果。升温30h 后缓黏结剂固化度为 1HD，最大黏结力为 258N；40h 后固化度为 2HD，最大黏结力为 297N；50h 后固化度为 3HD，最大黏结力为 420N；60h 后固化度为 4HD，最大黏结力为 661N。四条曲线变化趋势基本相同，前期随着滑移量增加黏结力不断增大，后期达到一定值后进入滑移阶段。固化硬度为 1HD 和固化硬度为 2HD 的曲线，硬度增加 1HD 黏结力增加 41N。随着缓黏结剂固化度的增大，黏度受固化度的影响也越来越大，硬度从 2HD 增加到 3HD，黏结力增加了 123N，硬度从 3HD 增加到 4HD，黏结力增加了241N。随着缓黏结剂固化程度的增大，黏结力受到的影响也越大。

表 6.3　缓黏结剂硬度增量与黏结力增量的数值结果

编号	升温时间 /h	硬度 /HD	黏结力 /N	黏结力增量 /N	硬度增幅 /%	黏结力增幅 /%
7	30	1	258	0	0	0
8	40	2	297	41	100	15.10
9	50	3	420	123	50	41.41
10	60	4	661	241	33.33	57.38

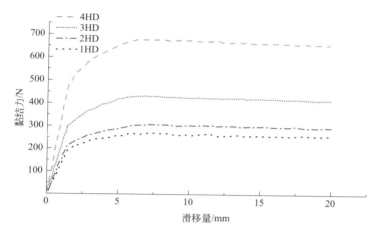

图 6.16　不同固化度下黏结力-滑移曲线

6.4.3　应力云图

　　典型的缓黏结预应力筋拔出试验及有限元分析的黏结力-滑移曲线如图 6.17 所示，其中将加载到缓黏结剂黏滞力最大值时为 A 点，缓黏结剂弹性形变达到最大值时为 B 点，滑移量达到 20mm 时为 C 点。拔出过程中各阶段试件整体应力分布如图 6.18 所示，加载到 A 点时试件的应力云图如图 6.18（a）所示，此时，拔出试验刚开始，预应力筋在混凝土内受拉，阻力主要由缓黏结剂本身的黏滞阻力来提供，黏结力-滑移呈线性变化，由图 6.18 可看出缓黏结剂周围的核心混凝土应力较大，沿拔出方向呈带状分布；预应力筋应力主要集中在混凝土内部受拉端。加载到 B 点时，核心混凝土应力范围在一定程度上减小，此时缓黏结剂发生塑性变形，混凝土内部预应力筋端部应力增大。当荷载继续增大，预应力筋、缓黏结剂之间开始出现滑移现象，当滑移位移达到 20mm 即 C 点，模拟结束。此时试件预应力拔出端应力最大，相比 A 点和 B 点，核心混凝土应力大小和应力范围较小。

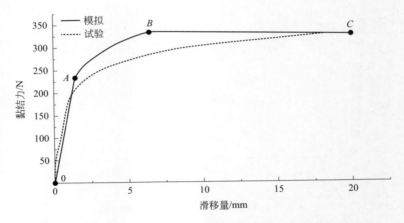

图 6.17　典型的缓黏结预应力筋拔出试验及
有限元分析的黏结力-滑移曲线

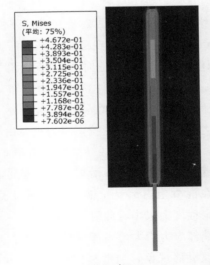

(a) A 点

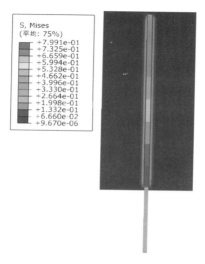

(b) *B* 点

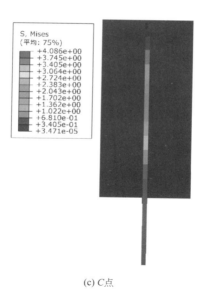

(c) *C* 点

图 6.18　试件整体应力分布

　　混凝土在缓黏结预应力筋拔出过程中应力分布如图 6.19 和图 6.20所示。核心混凝土剪切应力沿拔出方向呈带状分布，内部应力较大，越往外应力值越小，混凝土外表面没有明显的应力分布。

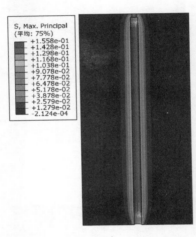

(a) A 点

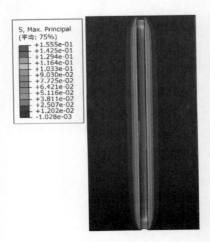

(b) B 点

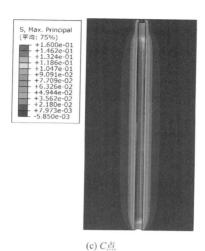

(c) C 点

图 6.19　混凝土剖面应力分布

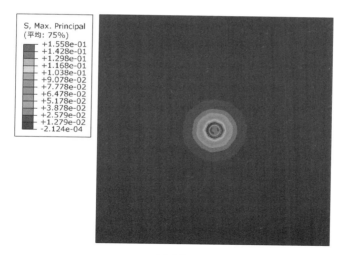

(a) A 点

图 6.20

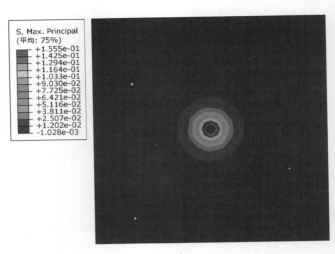

(b) B点

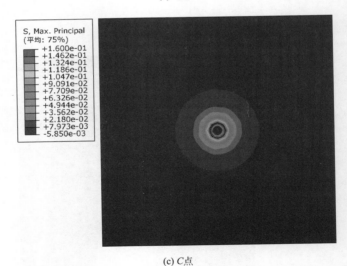

(c) C点

图 6.20　混凝土中心处截面应力分布

外层缓黏结剂在缓黏结预应力筋拔出过程中应力分布如图 6.21 所示，图中左下角为外侧缓黏结剂中心处截面应力分布图。加载到 A 点时，拔出刚刚开始，缓黏结剂黏滞作用提供抗拔力，应力分布呈带状分布，且分布较均匀，与内层缓黏结应力云图相比，此阶段外层缓黏结剂受拉应力作用较大。加载到 B 点时，缓黏结剂应力在一定程度上减小，此时缓黏结剂发生塑性变形，内层缓黏结剂应力增长迅速，与外层相比，内部塑性变形程度较大。当荷载继续增大，两层缓黏结剂之间开始出现滑移现象，当滑移位移达到最大值 20mm 时，模拟结束。滑移过程中缓黏结剂应力分布变化不大，滑移结束时缓黏结剂内侧应力大于外侧应力，说明黏结滑移过程中内层缓黏结剂滑移贡献较大。

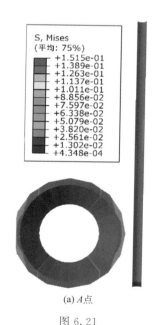

(a) A点

图 6.21

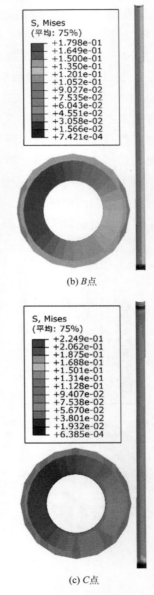

(b) B点

(c) C点

图 6.21　外层缓黏结剂的应力分布

6.5　本章小结

　　① 随着温度的升高，缓黏结剂达到完全固化的时间越短。

　　② 在同一温度下，缓黏结剂加速固化时间越长，黏结力越大，在温度为 90℃时，升温 0h 时黏结力最大值不超过 100N，升温 60h 时黏结力最大值超过 850N，模拟结果相对较小。

　　③ 通过 ABAQUS 进行了有限元仿真分析可知，试件拔出期间，试验所得出的黏结力-滑移曲线与有限元分析结果趋势基本一致，表明有限元模型设置的有效性。

第 7 章

张拉适用期、固化时间以及
固化度的预测

7.1　缓黏结剂固化度预测的概述

　　本章通过查阅国内外相关资料，采用邵氏硬度来描述缓黏结剂在固化过程中的物理性质及与预应力钢绞线之间的黏结强度变化规律。在此基础上参考日本编制的缓黏结预应力结构设计施工技术指南，建立考虑温度影响的缓黏结剂完全固化需要的时间经验公式，并结合我国各大城市气温变化预测缓黏结剂完全固化所需的时间，为在不同地区应用该技术在控制工程质量及工程验收方面提供参考。

7.2　缓黏结剂固化性质评价指标的建立

　　缓黏结预应力筋中的缓黏材料一般由两类材料构成，一类是超缓凝砂浆，另一类是环氧树脂。由超缓凝砂浆构成的缓黏结预应力钢筋由于较难控制张拉时间，在工程中应用较少。由高分子环氧树脂构成的缓黏结预应力钢筋可以使得张拉时间延迟 3～6 个月甚至更长，便于控制张拉时机。张拉结束后环氧树脂缓黏结剂经过一两年硬化反应，工程竣工时缓黏结剂的力学性能能够达到工程要求，因此环氧树脂缓黏结预应力混凝土结构在土木工程中应用越来越广泛。

　　目前我国的规程技术标准，从工程应用角度出发，将环氧树脂类缓黏结预应力钢筋从材料制备到工程应用根据时间划分为两个时期，第一时期为张拉适用期，第二时期为固化期。规程虽然给出环氧树脂缓黏结剂制备时的黏度值以及完全固化后的力学性能要求，但没有给出缓黏结剂标准张拉适用期以及固化过程中的物理评价指标，这给工程质量控制及工程验收带来了不便。本章参阅国内外相关资料，考察缓黏结剂在固化过程中的物理变化，建立缓黏结剂在张拉适用期和固化过程中的黏度和邵氏硬度双评价指标。

　　图 7.1 表示的是标准张拉适用期 180d、完全固化时间 720d 的温度敏感型缓黏结剂硬化进程。图中横坐标为缓黏结剂从制备完成后所经历的时间，单位为 d；纵坐标分别为评价标准张拉适用期的稠度和评价缓黏结剂固化程度的邵氏硬度。左侧表示的稠度指标，其值越大表明缓黏结剂流动性越好，张拉预应力钢筋时摩擦引起的预应力损失就越小。右侧表示的邵氏硬度指标，随着时间的增长邵氏硬度增加，硬度值越大，缓黏结材料的力学性能（如抗拉性能、抗压性能、弹性模量和黏结性能等）越好。

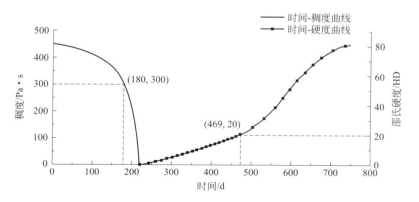

图 7.1　温度敏感型缓黏结剂硬化过程中的物性双评价指标

　　由图 7.1 可知，在标准张拉适用期内，缓黏结剂为可流动的液态，随着时间的增长流动性逐渐变差，最后凝固。研究表明，随着时间的增加，缓黏结剂稠度逐渐降低，当缓黏结剂的稠度等于 300Pa·s 时，张拉预应力钢筋因摩擦所引起的预应力损失与张拉无黏结预应力钢筋相当，为此稠度 300Pa·s 为界限值，当大于 300Pa·s 时适合张拉缓黏结预应力钢筋，而小于 300Pa·s 时因由摩擦造成的损失较大，故可认为错过了张拉时机。另外在工程中应用我们发现，环氧树脂缓黏结剂的稠度受温度影响较大，当外界的温度高于 25℃ 时，会加速缓黏结剂的稠度降低，缩短张拉适用期；当外界的温度低于 10℃ 时，会延缓缓黏结剂的稠度降低，延长张拉适用期，进而影响缓黏结剂的固化时间。因此在工程中，应严格检测张拉施工时缓黏结剂的稠度，做好现场检测记录，作为工程质量验收的重要指标。

　　张拉结束后，缓黏结剂在预应力混凝土结构中处于密封状态，随着时间的推移逐渐由流动的液体变成坚硬的固体。本书从环氧树脂缓黏结剂逐渐硬化时物理性质变化的角度出发，采用邵氏硬度来描述和评价缓黏结剂的固化程度。在以往的研究中表明，当邵氏硬度 D 达到 20HD 时缓黏结剂具有一定的强度，当邵氏硬度 D 达到 80HD 时，缓黏结剂变成坚硬的固体，其抗压强度、抗折强度等力学性能均能达到相关规范的要求。

　　图 7.2 表示的是在某建筑工程中应用该技术时，采用邵氏硬度计测得环氧树脂缓黏结剂在不同固化阶段的邵氏硬度值以及硬化状态。图 7.2（a）和图 7.2（b）是在试验室升温加速固化缓黏结剂时测得的试验结果。图 7.2（c）和图 7.2（d）是模拟某实际工程缓黏结预应力筋张拉后，缓黏结剂处于密封状态，在试验室采用同等条件下常温密封处理后在工程验收前 6 个月及工程验收时测得的结果。由图 7.2 可知，当缓黏结剂的邵氏硬度达到十几 HD 时，材料由液体变成了可塑的黄色固体，当邵氏硬度达到 47.5HD 时，缓黏结剂的颜色变淡，硬度增加。常温密封后的环氧树脂缓黏结剂邵

氏硬度达到 61HD 时，呈现黑色的固体，整体上质感坚硬但表面较软且有刻痕线条。当邵氏硬度达到 80HD 时，刻痕线条变浅，表面和整体质感坚硬。

(a) 可塑性固体
D=12HD

(b) 半硬性固体
D=47.5HD

(c) 半硬性固体
D=61HD

(d) 硬性固体
D=80HD

图 7.2　缓黏结剂不同状态下的邵氏硬度值

硬化过程中，工程上主要考虑缓黏结剂与预应力钢绞线之间黏结强度的变化。依据相关试验研究成果得到常温型缓黏结剂黏结强度与邵氏硬度之间的关系如图 7.3 所示。曲线分为两阶段，第一阶段：缓黏结剂随邵氏硬度的增大，黏结强度呈曲线增长，当硬度为20HD 时黏结强度达到 2MPa，该黏结强度相当于普通圆形钢筋与混凝土之间的黏结强度值。第二阶段：缓黏结剂随邵氏硬度的增大，黏结强度线性增长，当硬度达到 80HD 时，黏结强度达到4MPa，该黏结强度相当于螺纹钢筋与混凝土之间的黏结强度。这两个阶段黏结强度与邵氏硬度之间的关系可由如下公式表达。

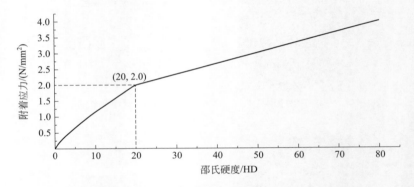

图 7.3 常温型缓黏结剂黏结强度-邵氏硬度关系曲线

（1）第一阶段

$$\tau = aD^b \quad (0 < D < 20\text{HD}) \tag{7.1}$$

式中　τ——黏结强度，MPa；

　　　D——邵氏硬度；

　　a，b——系数，分别为 $a = 0.1828$，$b = 0.79912$。

（2）第二阶段

$$\tau = eD + f \quad (20\mathrm{HD} < D < 80\mathrm{HD}) \tag{7.2}$$

式中　e，f——系数，分别为 $e = 1/30$，$f = 4/3$。

7.3　缓黏结剂完全固化所需要时间的预测

缓黏结剂的硬度、黏结强度随固化时间及温度的增加而增加，在相同时间内环境温度越高，缓黏结剂的固化速度越快，黏结强度增加得也越快。基于以往研究可知，缓黏结剂固化硬度与环境温度及时间呈指数函数关系，通过线性回归分析的方法构建的完全硬化所需要的时间-黏结强度-温度之间的关系如下：

$$N = \tau \mathrm{e}^{(-\alpha T + \beta)} \tag{7.3}$$

式中　N——邵氏硬度达到 80HD 所需要的时间，d；

α——温度影响系数；

β——硬化系数；

τ——缓黏结剂完全固化时的黏结强度，取 4MPa；

T——缓黏结剂处于的环境温度，℃。

缓黏结剂 α 和 β 的取值与材料类型有关，参考本书文献 [17] 中的数值，四种类型缓黏结剂 α、β 值如表 7.1 所示。

当环境温度随季节变化时，在式（7.3）的基础上，利用统计学方法考虑温度影响，给出温度变化情况下缓黏结剂的黏结强度及所需时间预测，公式如下：

$$\sum (Y_i / \mathrm{e}^{-\alpha T_i + \beta}) \geqslant \tau \tag{7.4}$$

式中　Y_i——在某一个温度 T_i 下暴露的时间，d；

T_i——外界温度，℃。

表 7.1　25℃恒温环境各种类型缓黏结剂的 α、β 取值

缓黏结剂类型	温度影响形式 α	硬化系数 β
常温型	0.025	5.454
耐热型	0.091	7.933
高温型	0.083	8.293
超高温型	0.077	8.529

7.4　我国典型城市应用缓黏结预应力技术缓黏结剂固化所需时间

为了缓黏结预应力技术在不同地区应用时便于工程验收，本节以哈尔滨、长春、沈阳、北京以及上海五个城市为例，采用邵氏硬度预测分析缓黏结剂完全固化所需要的时间以及各时期固化状态。

表 7.2 为五个城市在 1971～2010 年期间统计得到的月平均温度结果。

表 7.2　五个城市 40 年统计的月平均温度（根据 1971～2010 年资料统计）

单位:℃

月份 温度 城市	1 月	2 月	3 月	4 月	5 月	6 月	7 月	8 月	9 月	10 月	11 月	12 月
哈尔滨	−18.3	−13.6	−3.4	7.1	14.7	20.4	23	21.1	14.5	5.6	−5.3	−14.8
长春	−17.3	−13.4	−2.6	7.3	14.7	20.1	22.8	21.2	14.6	6.4	−3.6	−13.1
沈阳	−12	−8.4	0.1	9.3	16.9	21.9	24.6	23.6	17.2	9.4	0	−8.5
北京	−3.7	0.7	5.8	14.2	19.9	24.4	26.2	24.8	20	13.1	4.6	−1.5
上海	4.7	6	9.2	14.7	20.3	23.8	28	27.8	24.4	19.2	13.5	7.8

注：本表数据来自中国气象网。

根据式（7.4）预测的各城市所应用缓黏结剂完全固化所需时间如表 7.3 所示。由表 7.3 可知，在严寒的北方，缓黏结剂的固化时间较长，在我国南方炎热地区缓黏结剂的固化时间较短，由此可知温度对缓黏结剂完全固化时间影响较大。

表 7.3　5 个城市有效黏结强度及达到完全固化时间

固化时间/d 黏结强度/MPa 城市	哈尔滨	长春	沈阳	北京	上海
$\tau = 4$	803	800	730	657	620

7.5　不同季节张拉预应力筋缓黏结剂固化度及黏结强度预测

在不同季节进行缓黏结预应力钢筋的张拉，缓黏结剂经过半年、1 年、2 年、3 年后的固化状况及黏结强度的估算预测结果如表 7.4 所示，表中的括号内的数值表示邵氏硬度。从表 7.4 可知，当张拉施工季节分别选在春夏两季时，半年后缓黏结剂的固化程度好于在秋冬季节施工，第 1 年的缓黏结剂的黏结强度或邵氏硬度值较小，第 2 年黏结强度或邵氏硬度值增长得较快，到第 3 年，在不同城市应用该技术的缓黏结剂均达到完全固化，黏结强度达到 4MPa。

表 7.4　不同张拉时间和固化时间下的黏结强度 τ 和硬度 D 对比

强度/MPa（硬度/HD）时间 城市	春	夏	秋	冬	1 年	2 年	3 年
哈尔滨	1.11（9.6）	1.10（9.5）	0.70（5.4）	0.71（5.5）	1.82（17.8）	3.64（69.3）	4.00（80）

续表

强度/MPa (硬度/HD) 时间 城市	春	夏	秋	冬	1年	2年	3年
长春	1.12 (9.6)	1.11 (9.6)	0.72 (5.6)	0.73 (5.6)	1.84 (18.0)	3.67 (70.3)	4.00 (80)
沈阳	1.18 (10.3)	1.18 (10.3)	0.79 (7.4)	0.79 (7.4)	1.97 (19.5)	3.94 (78.1)	4.00 (80)
北京	1.26 (11.3)	1.26 (11.2)	0.91 (7.7)	0.91 (7.7)	2.17 (25.1)	4.00 (80)	4.00 (80)
上海	1.31 (11.7)	1.37 (12.5)	1.07 (9.2)	1.01 (8.4)	2.38 (31.5)	4.00 (80)	4.00 (80)

7.6 本章小结

① 给出了缓黏结预应力技术在张拉期及固化期的评价指标来控制施工质量及工程验收。在张拉期间采用稠度来控制张拉期，稠度小于300Pa·s时不宜进行缓黏结预应力筋的张拉。固化期间以邵氏硬度描述缓黏结剂的物理性质，既能评价缓黏结剂在固化过程中的硬化性质，又能反映缓黏结剂固化后的力学性能。

② 给出了缓黏结剂的固化时间-黏结强度-温度的关系，通过算例分析可知，在严寒地区应用该技术缓黏结剂的固化时间较长，在炎热地区应用时缓黏结剂的固化时间较短。同时张拉施工时的季节不同，也会影响缓黏结剂初期的固化进程。

部分参考文献

[1] 林同炎, Ned. H. Burns. 预应力混凝土结构设计 [M]. 路湛沁、黄棠、马誉美, 译. 北京: 中国铁道出版社, 1983.

[2] JGJ 92—2016 无黏结预应力混凝土结构技术规程 [S].

[3] 材寄勉, 南敏和, 小林剛. アフターボンド PC 鋼材の諸特性 [J]. プレストレストコンクリート, 1990, 32(4), 91-98.

[4] 王占飞, 马玥, 王强, 等. 缓黏结预应力混凝土技术在日本的研究与应用 [J]. 公路交通科技, 2014, 2014(3): 192-197.

[5] 李佩勋. 缓黏结预应力综合技术的研究和发展 [J]. 工业建筑, 2008, 38(11): 1-5.

[6] JGJ 387—2017 缓黏结预应力混凝土结构技术规程 [S].

[7] JGT 370—2012 缓黏结预应力钢绞线专用黏合剂 [S].

[8] 白濱昭二, 大西睦彦, 名取耕一郎: プレグラウト PC 鋼より線の開発 [J]. プレストレストコンクリート, 2006, Vol48(2): 68-72.

[9] 財団法人日本道路協会. 道路橋示方書・同解説Ⅲ コンクリート橋編 [M] 東京: 丸善出版株式会社, 2002.

[10] K. Aoki, H. Ohnaka, K. Hashikawa et al.. Studies on pregrouted prestressing steel application [J]. Journal of prestressed concrete, 2001, 43(3): 55-61.

[11] 大西睦彦, 平田誠一郎, 山家芳大. 桥梁・建筑向ィナブレストレスユソクリート用高机能 PC 紧张材 [フタ-ポソド PC 鋼材] [J]. 神户制钢技报, 2003, 53: 103-105.

[12] 青木圭一, 大中英揮, 橋川勝司, 中村收志. プレグラウト PC 鋼材の適用性に関する研究 [J]. プレストレストコンクリート, 2001, 43(3): 55-61.

[13] K. Aoki, H. Mashiko, H. Watanabe et al.. hardening characteristic verification of moisture curing pre-grout PC Strand [J]. Journal of prestressed concrete, 2007, 49(3): 54-63.

[14] 山田真人. インフラを支えるプレストレストコンクリート技術と高性能 PC 鋼材, SEIテクニカルレビュー [J]. 2013, 第 183 号: 71-77.

[15] 田中秀一, 大島克仁, 松原喜之, 山田真人. 極太径 29. 0mm プレグラウト 高強度 PC

鋼より線の開発 [J]. プレストレスコンクリート，2015, 57（1）：68-71.

[16] 高山直行，畝博志，平山貴之. 清水斉. 6 mの跳出し空間をもつ病院施設の設計・施工－プレグラウト工法を用いたPC梁 [J]. プレストレスコンクリート，2014, 56（4）：30-35.

[17] 土木学会. エポキシ樹脂を用いた高機能 PC 鋼材を使用するプレストレストコンクリート設計施工指一内部充てん型エポキシ樹脂被覆 PC 鋼より線 [M]. 東京：丸善出版株式会社，2010.

[18] 王起才，王永遠. 预应力混凝土体系中的缓凝砂浆研究 [J]. 混凝土，1995（4）：44-47.

[19] 孙长江. 缓黏结预应力施工技术，铁道建筑技术 [J]，1995（5）：19-21.

[20] 王起才. 缓黏结预应力混凝土构件试验研究 [J]. 铁道学报，2001, 23（1）：91- 94.

[21] 赵建昌，王起才. 缓黏结预应力混凝土结构试验研究 [J]. 铁道学报，2002, 24（2）：95-99.

[22] 赵建昌，王起才，李永和. 超效缓凝砂浆与缓黏结预应力混凝土构件试验研究 [J]. 土木工程学报，2003, 38（8）：57-62.

[23] 赵建昌，李永和，王起才. 新型缓黏结预应力体系试验研究 [J]. 建筑结构学报，2005, 26（2）：52-59.

[24] 张建玲，宋玉普，王志刚. 缓黏结预应力筋的试验研究 [J]. 施工技术，2007, 36（3）：21-23.

[25] 张建玲，宋玉普. 缓黏结混合配筋预应力混凝土梁裂缝宽度的试验研究 [J]，土木工程学报，2008, 41（2）：54-59.

[26] 熊小林. 缓黏结预应力体系施工工艺研究 [D]. 南京：东南大学，2006.

[27] 熊小林，李金根，李一心. 缓黏结预应力筋摩阻损失的试验研究 [J]. 建筑技术，2008, 12（39）：943-946.

[28] 刘文华，刘立军，朱龙，等. 缓黏结预应力钢绞线的试验研究 [J]. 建筑技术，2003, 34（12）：917-918.

[29] 黄爱林，谢章龙. 缓黏结预应力钢绞线的抗腐蚀性能试验研究 [J]. 金属制品，2014, 40（5）：65-69.

[30] 曾丁，王国亮，谢峻，等. 预应力混凝土梁疲劳预应力损失探索性试验 [J]. 公路交通科技，2012, 29（12）：79-83.

[31] 范蕴蕴，吴转琴，周建锋，宫锡胜. 缓黏结预应力钢筋用胶黏剂材料研究 [J]. 工业建筑，2008, 38（11）：6-8+ 16.

[32] 吴转琴，范蕴蕴，刘景亮，刘刚. 缓黏结预应力钢筋用胶黏剂材料力学性能研究 [J]. 工业建筑，2008, 38（11）：9-12, 35.

[33] 尚仁杰, 张强, 周建锋, 等. 缓黏结预应力混凝土梁受弯试验研究 [J]. 工业建筑, 2008, 38 (11) : 24-27.

[34] 吴转琴, 尚仁杰, 洪光, 夏京亮, 寅志强. 缓黏结预应力筋与混凝土黏结性能试验研究 [J]. 建筑结构, 2013, 43 (2) : 68-70.

[35] 周先雁, 冯新. 缓黏结部分预应力混凝土 T 梁裂缝宽度的试验研究 [J]. 公路交通科技, 2011, 28 (1) : 56-61.

[36] 曹国辉, 胡佳星, 张锴, 汪子鹏. 缓黏结预应力混凝土梁极限承载力试验 [J]. 公路交通科技, 2013, 30 (6) : 49-55.

[37] Yue Ma, Zi-Jing Zhang, Zhan-fei Wang. Experimental Research on Cohesive Property of Retard-bonded Pre-stressed Steel Strand [C]. 2015 International Conference on Mechanics, Building Material and Civil Engineering. Paris: Atlantis press, 2015: 577-581.

[38] Yue Ma, Zhan-fei Wang, Shao-peng Cao. Experimental Study on Friction Coefficient and Stress Loss of Retard-bonded PC Steel Strand [C]. 5th International Conference on Advanced Design and Manufacturing Engineering. Lancaster: DEStech Publications, 2015: 1724-1728.

[39] 王占飞, 张子静, 谷亚新, 等. 缓黏结预应力混凝土结构筋黏结强度试验研究 [J]. 公路交通科技, 2015, 2015 (7) : 195-197.

[40] 王占飞, 曹少朋, 徐岩, 等. 缓黏结预应力钢筋摩擦系数试验 [J]. 沈阳工业大学学报, 2016, 38 (3) : 350-354.

[41] 王占飞, 胡正伟, 曹少朋, 等. 固化期间缓黏结预应力梁力学性能试验 [J]. 中国公路学报, 2017, 30 (1) : 56-62.

[42] 王占飞, 徐卓君, 王子怡, 等. 黏结剂固化度对缓黏结预应力梁力学性能的影响 [J]. 沈阳工业大学学报, 2018, 40 (04) : 469-473.

[43] 宋玉普. 新型预应力混凝土结构 [M]. 北京: 机械工业出版社, 2006.

[44] 倪浩, 张大煦, 李欣. 缓黏结预应力混凝土技术的研究与应用 [J]. 施工技术, 2006, 35 (9) : 71-78.

[45] 李颖杰, 贺畅, 张栩辉. 缓黏结预应力井字梁设计与施工 [J]. 建筑技术开发, 2014, 41 (2) : 1-3+ 44.

[46] 熊学玉, 肖启晟, 李晓峰. 缓黏结预应力研究综述 [J]. 建筑结构, 2018, 48 (8) : 83-90.

[47] 王强, 马玥, 王占飞. 拆模工序对沈阳文化艺术中心音乐厅缓黏结预应力结构内力变形的影响 [J]. 结构工程师, 2015, 31 (5) : 171-177.

[48] 肖勇, 李斌, 毛建国, 余双. 大直径缓黏结预应力施工技术在工程中的应用 [J]. 北方

建筑，2016，1（02）：58-61.

[49] 李言戈，齐云霄，庞云涛. 竖向缓黏结预应力钢筋混凝土外墙施工控制要点 [J]. 天津建设科技，2018，28（03）：11-14.

[50] 韩宝祥. 缓黏结预应力技术在北京新机场工程中的应用 [J]. 施工技术，2018，47（9）：134-135.

[51] 财团法人日本道路协会. 道路橋示方書・同解説Ⅲ コンクリート橋編 [M]. 東京：丸善出版株式会社，2018.

[52] 曹少朋. 不同固化度对缓黏结预应力钢绞线的摩阻力及梁的抗弯性能的影响 [D]. 沈阳：沈阳建筑大学，2016.

[53] Nasreddin EL-Mezaini, Ergin Çıtıpıtıog ˇ lu. Finite element analysis of prestressed and reinforced concrete structures [J]. ASCE, Journal of Structural Engineering, 1991, 117（10）：2851-2864.

[54] Ranier Adonis Barbieri, Francisco de Paula Simões Lopes Gastal, and Américo Campos Filho. Numerical Model for the Analysis of Unbonded Prestressed Members [J]. ASCE, Journal of Structural Engineering, 2006, 132（1）：34-42.

[55] Barbieri, Ranier Adonis. Numerical model for the analysis of unbonded prestressed, Journal of Structural Engineering, 2006, 132（1）：34-42.

[56] OMIDI O, LOTFI V. Finite element analysis of concrete structures using plastic-damage model in 3-D implementation [J]. International Journal of civil engineering, 2010, 8（3）：187-203.

[57] 石亦平，周玉蓉. ABAQUS 有限元分析实例详解 [M]. 北京：机械工业出版社，2006.

[58] ABAQUS. Standard 6. 13 user's manual. Hibbit, Karlson and Sorensen, Providence（RI, US）, Dassault Systèmes Simulia Corp, 2013.

[59] JTG D62—2012 公路钢筋混凝土及预应力混凝土桥涵设计规范 [S].

[60] ACI 318M-05（2005） Building code requirements for structural concrete and commentary.

[61] 徐卓君. 缓黏结剂固化度对缓黏结预应力混凝土梁力学性能影响的有限元分析 [D]. 沈阳：沈阳建筑大学，2018.

[62] 胡正伟. 缓黏结剂固化度对缓黏结预应力混凝土梁力学性能的影响 [D]. 沈阳：沈阳建筑大学，2017.

[63] 王子怡. 缓黏结预应力筋固化期间黏结强度试验与有限元研究 [D]. 沈阳：沈阳建筑大学，2019.